自然的魔法

我们怎么知道什么是真的

[英] 理查德·道金斯 / 著　[英]·戴夫　麦基恩 / 插图　李　泳 / 译　**CS** 湖南科学技术出版社

HOW WE KNOW WHAT'S REALLY TURE

The Magic
of Reality

U0221816

图书在版编目（ＣＩＰ）数据

　　自然的魔法 ／（英）理查德·道金斯　著，戴夫·麦基恩　插图；李　泳　译.
-- 长沙：湖南科学技术出版社，2013.4（2022.4 重印）
　　书名原文：The Magic of Reality
　　ISBN 978-7-5357-7445-3

　　Ⅰ．①自… Ⅱ．①理… ②戴… ③李… Ⅲ．①自然科学－普
及读物 Ⅳ．①N49

　　中国版本图书馆 CIP 数据核字（2012）第 237856 号

自然的魔法

著　　　者：[英]理查德·道金斯
插　　　图：[英]戴夫·麦基恩
译　　　者：李　泳
出 版 人：潘晓山
责任编辑：孙桂均　吴　炜　李　媛
出版发行：湖南科学技术出版社
社　　　址：长沙市芙蓉中路一段416号泊富国际金融中心
　　　　　　http://www.hnstp.com
邮购联系：本社直销科　0731-84375808
印　　　刷：湖南天闻新华印务邵阳有限公司
　　　　　　（印装质量问题请直接与本厂联系）
厂　　　址：邵阳市东大路 776 号
邮　　　编：422001
版　　　次：2016年4月第1版
印　　　次：2022年4月第7次印刷
开　　　本：787mm×1092mm　1/16
印　　　张：17
字　　　数：434千字
书　　　号：ISBN 978-7-5357-7445-3
定　　　价：68.00 元
（版权所有·翻印必究）

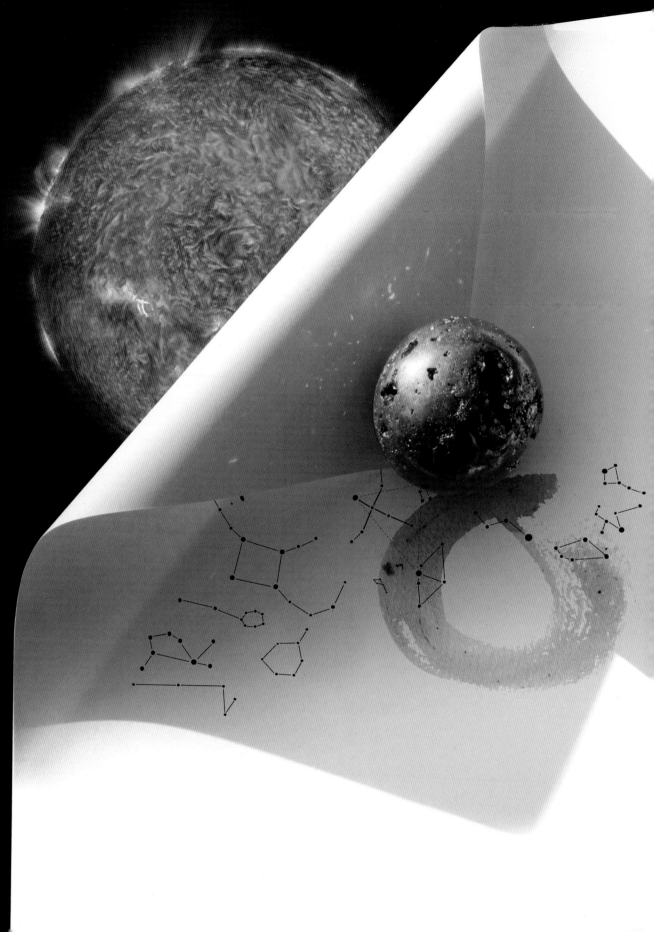

RICHARD DAWKINS

The Magic of Reality

How We Know What's Really True

ILLUSTRATED BY

DAVE McKEAN

FREE PRESS

New York London Toronto Sydney New Delhi

Clinton John Dawkins

1915–2010

O, my beloved father

目 录

① what is REALITY? what is magic?

实在是什么？魔在哪儿？

　　"实在"就是存在的万物，听起来挺明白，是吧？其实不然，有好多问题呢——那些曾经存在而今消失了的恐龙呢？那些光线还没到达我们就可能消失了的遥远的星星呢？

　　等会儿我们还要说恐龙和星星。不过，我们总得先弄明白，我们怎么知道事物（哪怕是眼下的）存在的呢？凭感觉呀。我们有五种感觉——视觉，嗅觉，触觉，听觉和味觉——靠了它们的良好表现，我们才相信很多事情是真实的：山崖的岩石和沙漠的骆驼，清新的草地和诱人的咖啡，粗糙的砂纸和柔软的天鹅绒，咆哮的瀑布和清脆的门铃，还有麻辣豆腐里的食盐和白砂糖……可是，就因为我们能直接感觉一样东西，我们就说它是"真的"？

那么，遥远的星系呢？那可是肉眼看不见的；细菌呢？那是只有显微镜才能看见的。难道我们要说，这些东西我们看不见，所以它们都不存在？不。显然，我们可以通过特殊仪器来强化我们的感觉：用望远镜看星系，用显微镜看细菌。因为我们了解望远镜和显微镜，知道它们怎么运行，所以我们能用它们来延伸我们感觉（这儿是视觉）的范围，通过它们的"看"，我们相信星系和细菌也是存在的。

无线电波又如何呢？它们存在吗？我们

的眼睛看不见，耳朵也听不见，可特殊的机器——如电视机能将它们转换为我们看得见听得清的信号。所以，尽管电波看不见听不着，我们还是相信它们是实在的一部分。和望远镜和显微镜的情形一样，我们也懂得电波和电视机的运行。所以，它们替我们的感觉重现了存在物的图像，即真实世界的图像——我们的实在。射电望远镜（和 X 射线望远镜）就像我们新开的眼睛，让我们看到了遥远的恒星和星系，为我们打开了新的实在图景。

再说那些恐龙。我们怎么知道它们曾在地球漫步？我们从没见过、听过它们，更没从它们身边跑过。可惜啊，没有时间机器把它们带回我们眼前。但我们还有别的帮助我们感觉的东西：化石，睁眼就能看见它们。化石不跑不跳，但能告诉我们几千万年前发生的事情，因为我们知道它们是怎么形成的。我们知道溶解了矿物的水如何渗入埋在岩石和泥土下的恐龙躯体；我们知道矿物如何从水中结晶出来取代恐龙躯体里的物质，在石头上刻下原来物质的印迹。所以，尽管我们不能直接看到恐龙，我们还是可以凭间接证据判断它们一定存在过——那些证据最终还是通过了我们的感觉：我们去探看和触摸留在石头上的古老生命的痕迹。

望远镜是另一种"感觉"，有点儿像时间机器。我们看任何东西，其实都是通过光，而光的传播需要时间。即使你看朋友的脸，那也是过去的样子，因为光从朋友的脸上传到你的眼前也要经过若干分之一秒。声音的传播慢得多，所以你会先看见空中的焰火，过好一会儿才听见爆炸的声响。当你看见远处有人砍倒一棵树时，能听出斧头砍树的声音明显延迟了。

光跑得太快了，所以我们平常都假定我们看见的事情就发生在我们看它的时刻。但星星是另一回事。即使距离我们最近的太阳，它的光也要走八分钟才能到来。假如太阳爆炸了，那个灾难也要在八分钟之后才能成为我们的"现实"。那当然是我们的终结了！至于我们的第二个邻居比邻星，我们今天看见的是它四年多前的样子。星系聚集着大量的恒星，我们生在银河系里。从望远镜看银河的邻居仙女座，它会像时间机器一样把我们带回两百五十万年前。还有一个叫斯特凡的星系群，有五个星系（所以叫"五兄弟"星系群），通过哈勃望远镜，可以看见它们相互撞击的壮观景象，可那是两亿八千万年前的事情了。假如碰撞的星系里住着外星人，

也用强大的望远镜看地球上的我们——就在当下，那么他们看见的是恐龙的祖先。太空里真有外星人吗？没见过，也没听说过。那么，他们是实在的一部分吗？没人知道；但我们知道，总有一天会有什么东西告诉我们答案。假如我们接近外星人，我们的感觉器官会告诉我们。也许有一天，我们能造出足够强大的望远镜，能从地球探测其他行星的生命。也许我们的射电望远镜能逮着些许只可能来自外星文明的信息。实在不仅仅是我们知道的东西，也包括存在但现在还未知的东西——为了知道它们，也许要等到未来某个时候，我们造出了更好的仪器来增强我们的五种感觉。

原子一直都在，可是最近百来年我们才确定它们的存在；我们后代可能比我们知道更多的东西。科学的神奇和乐趣正在于此：它总是不断发现新的东西。这并不意味着别人梦想什么，我们就该相信什么。我们能幻想千百万东西，但都不大会是真的——如童话里的精灵和妖怪，爱尔兰传说的小妖和希腊神话的长着翅膀的雁头马。我们应常怀开放的思想，但相信一个东西的存在，要看是否有它存在的真正证据。

模型：检验我们的想象

当我们的五个感觉不能直接探测事物真假的时候，科学家还通过一种我们不大熟悉的方式来判断，那就是用"模型"模拟事物可能的运行，从而检验它。我们想象——你也可以说猜测——可能存在什么，这就叫模型。然后我们推测（通常是靠数学计算），假如模型是正确的，那么应该看见、听见或感觉什么（通常需要测量仪器的帮助）。接下来，我们就检验是不是真的看到了。模型可以真的是木头或塑料做的玩具，也可以是写在纸上的数学公式，还可以是计算机运行的模拟程序。我们仔细地斟酌模型，然后预言，假如模型是对的，我们应该看见、听见（或感觉到）什么（有时需要仪器的帮助）。这样我们就可以判断预言是对还是错。假如预言是对的，我们便多了一分信心，相信模型真能代表实在；接着我们就设计新实验（或改进模型）来进一步检验那些现象，从而证明预言。如果预言是错的，我们就拒绝或修正模型，甚至重新提出一个模型。

举一个例子。我们现在都知道基因——遗传单位——是由一种叫 DNA 的物质组成的。我们知道很多关于 DNA

及其运行的知识。但即使用高精的显微镜，我们也看不见 DNA 是什么样子。我们所知关于 DNA 的一切都间接来自我们构造的模型和模型的检验。

实际上，在 DNA 尚未发现之前，科学家就已经从模型预言的检验中知道了很多关于基因的东西。早在 19 世纪，奥地利修道士孟德尔（Gregor Mendel）就在修道院的花园里种了好多豌豆来做实验。他统计了不同颜色的豌豆花，还观察了后代豌豆中，哪些是光滑的，哪些是褶皱的。孟德尔没看见也没摸到过基因，他只看见了豆和花。他用他的眼睛统计了不同的类型。他构造了模型，其中蕴涵了我们今天所说的基因（尽管他没那样叫）；他还计算了，如果模型正确，那么在特殊的育种实验里，光滑豌豆的数量应该是褶皱豌豆

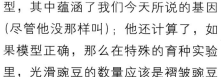
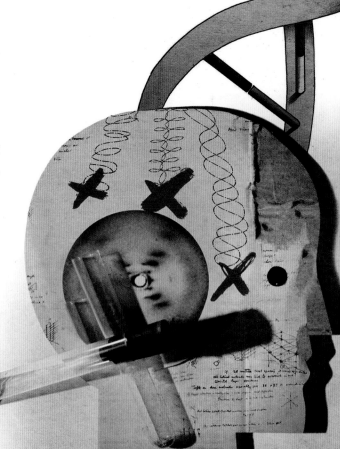

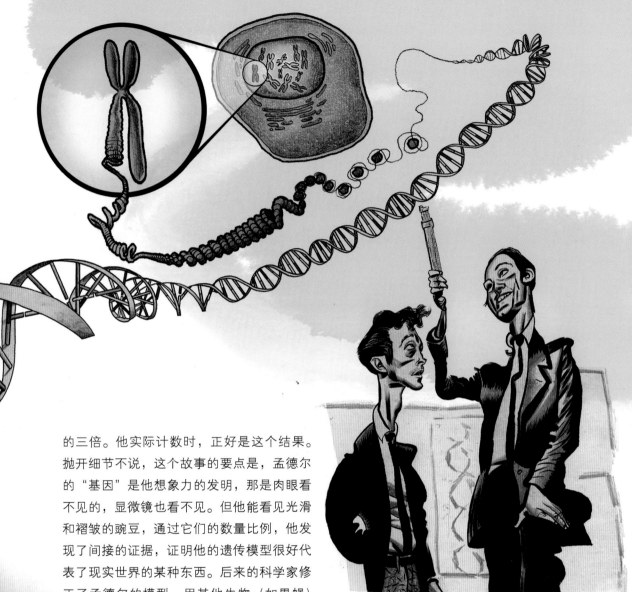

的三倍。他实际计数时，正好是这个结果。抛开细节不说，这个故事的要点是，孟德尔的"基因"是他想象力的发明，那是肉眼看不见的，显微镜也看不见。但他能看见光滑和褶皱的豌豆，通过它们的数量比例，他发现了间接的证据，证明他的遗传模型很好代表了现实世界的某种东西。后来的科学家修正了孟德尔的模型，用其他生物（如果蝇）做实验，证明了基因以一定的次序串在叫染色体的丝线上（我们人类有 46 个染色体，果蝇有 8 个）。通过模型的考察，我们甚至可以确定基因在染色体上的精确排列次序。所有这些，我们早在知道基因由 DNA 组成之前就发现了。

今天我们知道这些，还知道 DNA 如何工作，全靠了沃森（James Watson）和克里克（Francis Crick）以及后来的其他很多科学家。沃森和克里克也是靠模型发现

DNA 的。他们真的做了一些金属和硬纸板的 DNA 模型，计算了应该测量的参数。其中一个模型（所谓的双螺旋模型）的预言完全符合富兰克林（Rosalind Franklin）和威尔金斯（Maurice Wilkins）的测量结果（他们用 X 射线束照射提纯的 DNA 晶体）。沃森和克里克还立刻意识到，他们的 DNA 结构模型可以产生孟德尔花园实验的结果。

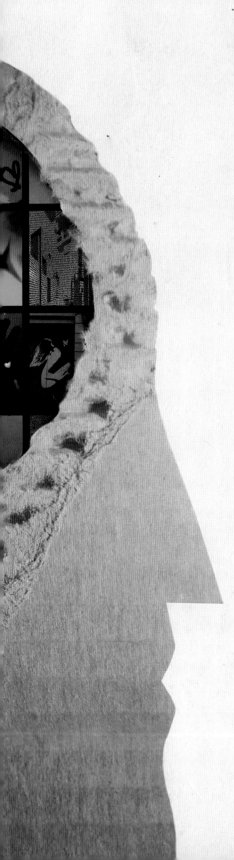

所以，我们认识事物的真实存在，有三个途径。我们可以用我们的感觉器官去直接感觉，也可以靠特殊仪器（如望远镜和显微镜）的帮助而间接感觉，还可以更间接地通过构造模型，看它是否成功预言了我们可能看见（或感觉）的事物。三条途径，最终都要回到我们的感觉。

这是不是意味着实在只包括可以通过我们的感觉或科学方法直接或间接感觉的事物呢？那么，快乐和嫉妒呢？幸福和爱情呢？它们不也是真实的吗？

是的，它们是真的。但它们的存在依赖于大脑——当然是人的大脑，也许还有其他高等动物的大脑，如黑猩猩、鲸鱼、狗。岩石不会快乐和嫉妒，青山也没有爱。情感只有经历过的人才觉得真实，但不会存在于大脑形成之前。这些（也许还有我们没有想到的其他）情感，也可能存在于其他行星，不过那儿一定得有大脑——或者和大脑等价的东西：谁知道宇宙其他地方有什么奇异的思想器官或感觉机器呢。

科学与超自然：解释及其敌人

那就是实在，我们就那样知道一个事物是否是真的。本书的每一章谈实在的一个特殊方面——例如太阳、地震、彩虹和各种动物。现在我说说本书标题的另一个关键词："魔"。魔是一个很圆滑的字眼，通常有三个不同的用法，我先得将三个用法区别开来。第一个是"超自然的魔"，第二个是"舞台的魔"，第三个（我最喜欢的意思，也是我标题里的意思）是"诗意的魔"。

超自然的魔是我们在神话和童话故事里看到的魔法。（"神迹"故事里也有，不过先不管它，到最后一章我再说。）那是阿拉丁的神灯，巫师的符咒，格林兄弟和安徒生的童话，还有罗琳（J. K. Rowling）的哈利波特。那是巫婆把王子变成青蛙的咒语，也是教母把南瓜变成水晶马车的口诀。还有很多故事，我们从小就满心欢喜地读过，至今演圣诞童话剧时，我们也一样喜闻乐见——但我们都知道，那些魔法都是虚构的，不会真的出现。

相反，舞台魔术真的发生了，令人惊奇欢喜。或者说，至少发生了什么，尽管那不是观众想象的东西。人（多数是男的，当然也有女的）在舞台上，骗我们以为真的发生了什么奇异（甚至像超自然）的事情，而实际发生的事情却完全不同。丝帕不可能变成小兔子，正如青蛙不会变成王子。我们在舞台看见的只是一个把戏。眼睛欺骗了我们——或者说，魔术师费尽心思骗过了我们的眼睛：他通常会巧妙地用言语令我们分心，忽略了他手头的把戏。

我想起了 **什么数字？**

　　有些魔术师很老实，会坦白告诉大家他就是在玩儿把戏。我想起了"惊人的"兰迪（James Randi），想起了佩恩（Penn）和泰勒（Teller）组合，还有布朗（Derren Brown）。这些令人仰慕的演员，也并不都会告诉观众他们怎么玩儿戏法——否则他们就会被赶出魔术圈儿了——但他们的确会让观众明白，他们的戏法里没有超自然的东西。其他人不会主动说那是戏法，但也不会夸耀他们的表演——他们只是让观众愉悦地去感受神秘，而不会说谎。遗憾的是，还有些魔术师会故弄玄虚，假装有着"超自然"或"超人"的本领，夸耀能凭自己的意念让金属弯曲，令时钟停止。有些骗子（好听一点儿叫"江湖术士"）吹嘘他们能用"心力"发现哪儿有油，哪儿有煤，从煤气公司那儿挣来大把大把的钱。还有些江湖骗子去开导失去亲人的人，说他能与逝者沟通。这些事情可不是娱乐了，而是利用人们的轻信趁火打劫。公平地说，这些人也并不都是骗子，他们可能当真相信能与死者对话。

"魔"的第三个意思是我标题里的意思：诗意的魔力。美妙的音乐感动我们落泪，而我们形容那演奏"有魔力"。在没有月光和灯光的黑夜，我们凝望星空，无限向往，不禁惊呼眼前的景象"如梦如幻"。我们也可以用同样的字眼来形容辉煌的落日，巍峨的山峰，或雨后的彩虹。从这个意义说，"魔"意味着感人肺腑，启人心扉，动人魂魄。我要在本书向大家展示的就是，实在——通过科学方法所认识的现实世界的事实——就有那样的魔力，一种活脱脱的诗意的魔力。

现在回头来说说超自然的思想，它为什么不可能给我们在我们周围和宇宙间看到的东西提供真正的解释呢？其实，当我们说某事物的超自然解释的时候，根本就没有什么解释，甚至还把任何可能的解释都排除了。为什么那么说呢？因为任何"超自然"的东西从定义说来就超越了自然解释的能力。它一定超出了科学的能力，也超出了科学方法的能力——经过不断的尝试和检验，科学方法在过去的 400 年里为我们带来了巨大的知识进步。当我们说超自然的事情发生时，并不是说"我们不懂它"，而是说"我们永远不会懂它，所以用不着去尝试"。

科学走的是截然相反的路线。科学甘愿承认它（至今）没有能力解释一切事物，而它正好以此为动力，不停地追问问题，创建新的可能的模型，然后检验它们，从而一步步向前，一步步接近真理。如果出现什么与我们当下认识的实在有冲突的事情，科学家会将它作为对我们现有模型的挑战，要我们放弃或至少改造那个模型。通过这样不断地协调和检验，我们才越来越接近事物的真相。

假如一个遇到谋杀案的侦探，懒得去查问题，却说那是超自然的神秘事件，你会怎么看他？科学的历史告诉我们，从前我们以为超自然的东西——那些由神仙（高兴的或生气的）、魔鬼、巫婆、精灵或魔法和符咒生成的东西——其实都能找到自然的解释，我们能理解它、检验它，而且可以信赖它。

对那些科学一时没能找到自然解释的东西，我们也绝无理由像过去认为火山、地震或瘟疫来自神灵的怒火那样，相信它们会有超自然的起源。

当然，没人真的相信青蛙能变成王子（或王子变青蛙？我从来没记清楚）或南瓜能变成马车，可是，你有没有想过，那为什么不可能？有很多解释，我最喜欢的是下面的这个。

青蛙和马车都是复杂的事物，它们有很多零件，需要用特殊方式组装成特殊的模式，那不可能是偶然形成的（也不可能靠舞动一下魔杖）。所谓"复杂"，就是这个意思。造一样和青蛙或马车那么复杂的东西是很困难的。为了造马车，你得学会做一个能工巧匠。你不可能弹一下手指头，念几声"唵嘛呢叭咪吽"就做出一架马车来。马车

有复杂的结构和运行部件，如车轴、车轮、弹簧、门窗和坐垫。相对说来，我们很容易把像马车那样复杂的东西变成简单的东西——例如烟灰：只要把教母的手杖做成火把就行了。任何东西都容易变成烟灰，但没人能把一堆烟灰（或南瓜）变成马车，因为马车太复杂；不仅复杂，还满足一定的用途：便于我们驱车旅行。

现在我们让事情变得容易一些。假定教母不玩儿南瓜，而是玩儿一堆马车需要的零件——零件堆放在小盒子里（就像小朋友做模型飞机的盒子），包括很多木块、玻板、铁丝、铁棍、铁钉、螺丝，还有羽绒和胶水。假定教母没看说明书，没有按照一定的次序来装配零件，而是胡乱把它们放进一个大口袋，然后摇晃它们。这些零件有多大机

会恰到好处地黏结起来组装成一架可以驾驶的马车呢？答案是——几乎等于零。部分原因是，你有很多可能的方式组合那堆零碎儿，但几乎都不可能做成能跑的马车——或者其他任何有用的玩意儿。

如果有很多零件，我们随机搅和它们，只可能偶然形成某种有用的模式，或者我们认为特殊的东西，但达成的方式少得可怜：多得多的可能是，它们会形成我们谁也不认识的玩意儿，简直就是一堆垃圾。我们有成千上万的清理那些零碎的方式，但成千上万的结果只不过是变成另一堆零碎儿。你每清理一次，都会得到一堆从前没见过的垃圾——其中只有极少数是有用的（例如把你带进舞会的马车）或者能被我们以某种方式记住。

example 2

fig.1   *fig.2*   *fig.3*

有时候，我们真的可以计算清理零件的方式有多少——例如，打牌的时候，我们可以计算洗牌的方式。

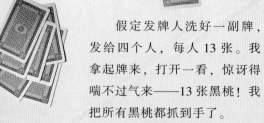

假定发牌人洗好一副牌，发给四个人，每人 13 张。我拿起牌来，打开一看，惊讶得喘不过气来——13 张黑桃！我把所有黑桃都抓到手了。

我太惊讶了，觉得没法儿玩儿下去。把牌亮给其他三位，我知道他们会和我一样吃惊。

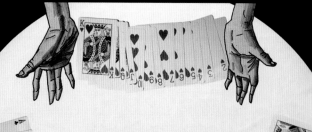

可是，他们也一个个把牌亮出来，大家更惊讶了。原来每个人都是清一色：一个 13 张红桃，另一个 13 张方块，还有一个 13 张梅花。

这是超自然的魔法吗？我们也许忍不住那么想。数学家可以计算如此令人惊讶的牌型纯粹靠运气出现的机会有多大。结果是微乎其微：53 644 737 765 488 792 839 237 440 000 分之一。我甚至不知道该怎么念这个数！如果你坐下来玩儿牌，一直玩儿若干万亿年，也许有机会得到那么完美的牌。不过，如此牌型其实并不比出现过的任何其他一种牌型更难得！发52张牌，出现任何一个牌型的机会都等于 53 644 737 765 488 792 839 237 440 000 分之一，因为那个数是所有可能牌型的总数。只是我们对出现过的绝大多数牌型都不留意，所以并不觉得有什么异乎寻常的。我们只注意某些方面特别突出的牌。

一个穷凶极恶的人，可以把王子的身体随意组合，变成亿万种东西，但多数组合都像一堆垃圾——就像亿万手随意的扑克牌。只有极少数可能的组合能勉强成为像样的东西，要成为青蛙，谈何容易啊。

王子不会成为青蛙，南瓜也不会成为马车，因为青蛙和马车都很复杂，它们的零件几乎有无限多种组合成为一堆垃圾。可我们也知道，每个生命——如人、鳄鱼、画眉、树木甚至芽甘蓝——都是从更简单的生命形式演化而来的。难道那些过程不是靠运气或者魔法吗？当然不是！绝对不是！这是相当普遍的一个误会，所以我想马上解释一下，为什么我们从现实生命看到的东西不是幸运的结果，更不是任何"魔法"的产物（当然，除了那些令我们充满敬畏和快乐的东西所具有的那种严格意义的"诗意的魔法"）。

生命演化的魔法

通过一个步骤把一个复杂的生命变成另

一个复杂的生命——就像童话里说的那样——其实是远远超出了现实的可能。可复杂的生命确实存在呀，它们是怎么来的呢？如青蛙、狮子、狒狒、菩提树、王子、南瓜，还有你和我，这些复杂的生命究竟是怎么产生的？在漫长的历史中，这一直是个令人困惑的问题，没人能正确回答，人们就编了很多故事来解释它。后来，到了19世纪，有人回答了这个问题——而且答得很精彩——他就是有史以来最伟大的科学家之一，达尔文（Charles Darwin）。在本章剩下的篇幅里，我就用新的语言来简要解释他的回答。

27

答案是，复杂的生命——如人类、鳄鱼和芽甘蓝——不是一下子突然出现的，而是一小步一小步逐渐形成的，这样，每一步只能产生一点细微的变化。假如你想创造一只有四条长腿的青蛙，你可以选一个良好的起点，从一个已经和你的目标有几分相似的东西出发，例如一只短腿的青蛙。你要给你的青蛙做体检，测量它们的腿，然后选出几只腿比较长的公蛙和母蛙，让它们配对，而把短腿的蛙赶出去。

长腿的母蛙和公蛙一起生出蝌蚪，蝌蚪长出四条腿儿，最后变成青蛙。为新一代青蛙做测量，然后把那些腿长超过平均水平的

母蛙和公蛙选出来，让它们配对。

如此经过大约 10 代之后，你会注意到一些有趣的事情。你养育的那群青蛙的平均腿长比开始的那一代的平均腿长明显长多了。你甚至可能发现第 10 代的所有青蛙都长着比第一代青蛙更长的腿。如果经过 10 代还达不到这样的结果，你可以继续做到 20 代甚至更多的世代。最终你会自豪地说："我养出了长腿的新蛙种。"

这儿没有魔杖，也没有什么魔法。我们经历的过程叫科学育种。它基于一个事实：青蛙能自我变化，而那变化可以遗传——即通过基因从父母传给孩子。我们只要选好哪

样的青蛙，就能培育哪样的新后代。

很简单，是吧？可是只把腿变长了还算不得什么。毕竟，我们本来就是从青蛙开始的。假如开始时我们没用短腿的青蛙，而是用完全不同的动物（例如蝾螈）。蝾螈腿比青蛙短多了（至少与后腿相比），它们的腿不是为了跳跃，而是为了行走。蝾螈有长尾巴，青蛙没有；蝾螈的体形也比青蛙细长。但我想你可以看到，经过千百代以后，你可以把一个蝾螈种群变成一个青蛙种群，只要你有耐心，从千百代的蝾螈里选出像青蛙的雌雄个体，让它们交配，而把不像青蛙的个体赶出去。在这个过程的每一步，你不会看到任何剧烈的变化。每一个后代看起来都跟它的父母一样，但若干代以后，你会发现蝾螈尾巴的平均长度越来越短了，而后腿越来越长了。经过千百代以后，长腿短尾的蝾螈会发现长腿很方便跳跃，比爬行容易多了。

当然，在刚才描述的情景里，我是想象我们自己是养育人，是我们为了达成我们希望的结果而选择了配对的个体。千百年来，农民用这项技术养育了猪牛羊，种出了产量更大也更能抗病的庄稼。

达尔文第一个认识到，即使没人做选择，选择的过程也会发生。他发现整个事情都会自然发生，是自然而然的，理由很简单：某些个体能长久存活，而另一些个体却不能。有些个体能存活，是因为它们比其他个体具备更好的条件。所以，它们的后代继承了父母生存的优点。不论是蝾螈还是青蛙、刺猬或蒲公英，总有些个体会比其他的活得更好。假如长腿碰巧发挥了优势（例如，它有助于青蛙或草蜢跳出险境，有助于猎豹捕食羚羊或羚羊逃离猎豹），那么腿长的个体更容易活下来，有更多的机会养育后代。而且，长腿的父母也会越来越多。所以，每一代的长腿基因都有更多的机会传给下一代。经过一段时间以后，我们会发现种群里越来越多的个体具有长腿基因。这样的

结果，与让某个聪明的设计者（如育种或养殖人）来选择长腿个体进行培育是一样的——区别只在于，不需要那样的设计者，一切都是靠它自己自然发生的，其自然结果就是，有些个体活下来养育后代，有些个体消失了。所以，这个过程叫自然选择。

经过漫长的世代更替，蝾螈似的祖先可以变成青蛙一样的后代。再经过更多的世代以后，看起来像鱼的祖先可以变成猴子一样的后代。如果世代更多，细菌也会变成人。这就是现实发生的事情，这就是动植物历史上发生的故事。那经历的世代，比你我所能想象的多得多。但世界已经几十亿年了，我们从化石知道生命从 35 亿年前就开始了，所以有足够的时间发生演化。

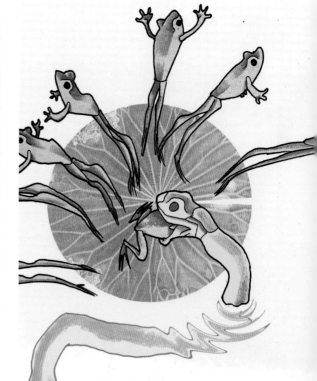

这是达尔文的伟大思想，叫自然选择下的物种演化，是人类思想史上最重要的思想之一。它解释了地球生命的一切。因为它的重要，我在以后的章节还会说它。这会儿我们只需要明白，演化是缓慢而渐进的过程。正因为它的渐进，才会出现青蛙和王子那么复杂的事物。青蛙通过魔法变成王子，不会是渐进的，而是突然的，所以不会在现实世界里发生。演化才是真正的解释，它真的有效，而且有确凿的证据来证明它的真实。关于复杂的生命形式是突然降临（而不是逐步演化）的说法，不过是一个懒人的借口——等于童话故事里虚构的魔杖。

至于南瓜变马车，和青蛙变王子的情形一样，那咒语也不可能是真的。马车不会演化，至少不会像青蛙和王子那样以自然的方式演化。但做马车的人却是演化来的——他

们也做飞机和鹤嘴镐，还做计算机和燧石箭头。人的大脑和双手，和蝾螈的尾巴和青蛙的腿一样，都通过自然选择而演化。人脑一旦演化出来，就能设计和制造马车和汽车，能做剪刀和手表，能写交响乐。这里一样没有魔法，也没有欺骗。一切都能那么简单而优美地解释。

在本书的其他部分，我要向你证明，真实的科学认识的世界有它自己的魔法——就是我所说的诗意的魔法：那是一个更优美动人的魔法，因为它是真的，因为我们能理解它是如何运行的。与真实世界的真正的"美"与"魔"相比，超自然的魔咒和舞台的戏法就显得廉价而俗不可耐了。现实的魔既不是超自然的，也不是忽悠的，而是单纯的奇妙。奇妙而真实，因为真实而奇妙。

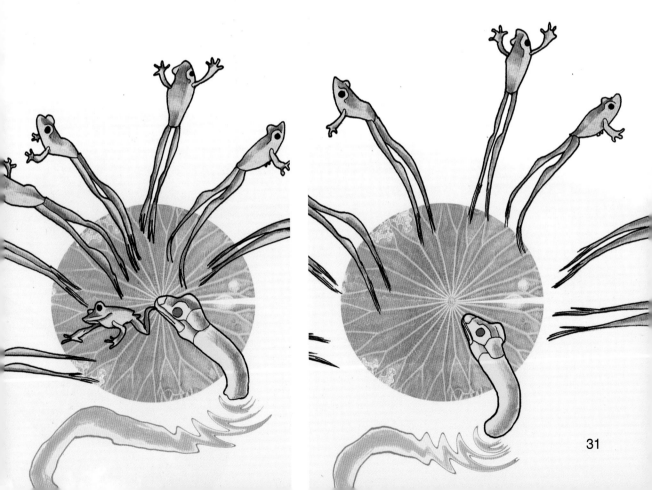

2 WHO WAS the first

谁是第一个人？

　　本书多数章节都以问题为标题，我的目标就是
回答那个问题，至少给出最可能的回答，也是科学的
回答。但我也常常从一些虚拟的回答说起，因为它们绚
烂有趣，有人相信过，而且至今还有人相信。

　　全世界的人都有关于起源的神话，解释他们来自什么地
方。很多种族的起源神话都只谈某个特殊的种族——仿佛别的
种族都不算！同样，很多种族都有不许杀人的法令——但那"人"
只限于本种族的其他人。杀死其他种族的人是好事儿！

　　来看一个塔斯曼尼亚土著人的神话。在一次星际大战中，摩尼
神（Moinee）被另一个部落的德罗墨丁纳神（Dromerdeener）打
败了。摩尼神从星球落到塔斯曼尼亚死了。临死之前，他想为他的
归宿地做最后一件好事，于是决定造人。可是他知道快死了，匆忙
中忘了让他们长膝盖。加上深陷困境，他无意间给了他们一只袋鼠的大
尾巴，这样，他们就无法坐下来了。然后，他死了。人们痛恨没
有膝盖却长了袋鼠的尾巴，于是向天呐喊，祈求帮助。

PERSON?

全能的德罗墨丁纳神还在天上为胜利而狂欢，听到他们的呼喊后，也降临塔斯曼尼亚来看发生了什么事情。他可怜那些人，给了他们可以弯曲的膝盖，切断了他们累赘的袋鼠尾巴，于是大家都能坐下了，从此过着幸福的生活。

我们常常会看到同一个神话的不同版本，那不足为奇，因为人们围坐在篝火前讲故事的时候会经常修改细节，这样故事就越说越远了。在另一个塔斯曼尼亚神话里，摩尼神造了第一个人，叫帕勒瓦（Parl-evar），住在天上。帕勒瓦长着袋鼠尾巴，膝盖不能弯曲，所以他不能坐。和前面一样，也是敌对星球的德罗神来救了他，让他有了活动的膝盖，为他切断了袋鼠尾巴，用油脂治好了他的创伤。然后，帕勒瓦沿着天路（银河）来到塔斯曼尼亚。

中东的希伯来民族只有一个神，在他们眼里，他超越了其他所有民族的神。他有五花八门的名字都不能说出来。他用尘土创造了第一个人，叫他亚当（Adam，意思就是"男人"）。他用心地把亚当做得像他自己。实际上，历史上的多数神都被画成男人的样子（有时也有像女人的），他们有着庞大的身躯和超自然的力量。

神把亚当安置在一个美丽的园林，叫伊甸园，那里长满了树木，亚当可以随便享用它们的果子——但有一个例外。那棵被禁止的树就是"区分善恶之树"。神要亚当牢记，他绝不能吃它的果子。

后来，神发现亚当一个人可能太孤独，想为他做点儿什么。故事到这儿——与摩尼和德罗神的故事一样——也有两个版本，都出现在《圣经》的《创世记》里。在更活泼的版本里，神让所有的动物给亚当作伴，然后发觉还缺点儿什么：少一个女人！于是他将亚当全身麻醉，剖开身体，取出一根肋骨，然后将他缝合好。他用肋骨造了一个女人（就像我们剪纸剪出一朵花儿）。他叫那女人夏娃，把她送给亚当做妻子。

遗憾的是，花园里有一条邪恶的蛇，它接近夏娃，诱骗她从善恶树上摘下禁果给亚当。亚当和夏娃吃了禁果，立刻意识到他们是赤身裸体的。

　　两人很尴尬，于是用树叶为自己做了围裙。神看到了这一幕，非常震怒他们吃了禁果，懂了道理——却丢了童真（我想）。他把他们赶出了伊甸园，责罚他们和他们的后代去过艰苦和痛苦的生活。直到今天，很多人还把亚当和夏娃违背神意的故事当真了，把那叫"原罪"。甚至有人相信我们都从亚当那儿继承了"原罪"，分担着他的罪孽。（尽管他们中的很多人承认亚当从来不存在！）

斯堪的纳维亚的挪威人号称"北欧海盗"，他们和希腊罗马人一样，有很多神。主神名叫欧丁（Odin），有时也叫沃坦（Wotan）或沃登（Woden），从这个名字衍生出我们的"星期三"（Wednesday）。"星期四"（Thursday）原指另一个挪威神托尔（Thor，是雷神，用他强力的铁锤制造雷鸣）。

一天，欧丁与诸神兄弟们在海边漫步，遇到两棵大树。

　　他们把一棵树变成第一个男人，叫"阿斯克"（Ask），把另一棵树变成第一个女人，叫"恩布拉"（Embla）。兄弟们先做好第一个男人和女人的躯体，然后让他们呼吸，赋予他们意识、容貌和说话的本领。

　　我奇怪的是，怎么会是树呢？为什么不是冰锥或沙堆？这个故事是谁说的？为什么？也许最初编故事的人本来就知道它们都是虚构的，你是不是以为，不同的人在不同的时间和地方为故事添加了不同的情节，后来的人又把它们编在一起，也许还改了一些东西，而没有意识到那些不同的情节原本就是编出来的？

　　故事津津有味，我们也乐于反复讲述。但是，当我们听一个有趣的故事时，不管它是古代神话还是网络流行的现代"都市传说"，我们都应该停下来追问一句——它（或者它的某个部分）是真的吗？所以，现在我们向自己提出同样的问题——第一个人是谁？下面来看看真实的科学的回答。

Who was the first person really?

谁是真正的第一人

也许你会惊讶，压根儿就没有第一个人——因为每个人都一定有父母，而父母当然也是人！兔子也一样。从没有第一只兔子，也从没有第一只鳄鱼、第一只蜻蜓。每一个生命都与父母属于同一个物种（也许有少数例外，这儿不理它们），那么每一个生命也与祖父母属于同一个物种，还有祖父母的父母，祖父母的父母的父母，等等，直到永远。

永远吗？喔，不，没那么简单。我得解释一下，从一个思想实验说起。思想实验就是在想象里实验。我们想象的事情不可能发生，因为它要我们逆着时间走，回到出生之前的过去。但想象能告诉我们一些重要的事情。所以我们才做思想实验。你只需要照着下面说的做。

找一张你本人的照片，拿父亲的照片放在上面。然后找一张他父亲（你祖父）的照

片，祖父的父亲的照片、祖父的祖父的照片……放在上面。你可能从没见过你的祖辈，我也没见过。但我知道有一个是乡村学校的校长，一个是乡村医生，一个是印度的护林员，还有一个是律师，喜欢奶酪，暮年时攀岩死了。就算你不知道祖爷爷们都长什么样，你也可以想象他的身影还隐约出现在皮相框里发黄的老照片中。接着想象祖爷爷的父亲，把他的照片放在那些照片上，这样一张张照片会将你带到越来越远的过去。你还可以回到照片发明之前，毕竟这是一个思想实验。

我们的思想实验要追溯多少代呢？哦，大约仅仅需要 1.85 亿代就能做好了！

仅仅？

仅仅？

把 1.85 亿张照片摞起来可不容易。大概多厚呢？如果每张照片和普通明信片一样，那么 1.85 亿张照片可以竖起一座大约 66 000 米高的塔，比 180 座纽约的摩天大楼叠在一起还高。即使它不会塌下来（会塌的），也很难爬上去。那么，我们轻轻将它倒下来，沿着书架排列。

书架该多长呢？
大约 66 千米。

最前端的那张照片是你的，最远端的是你的 1.85 亿世祖爷爷。他长什么样呢？一小撮头发、满脸络腮胡的老头儿？还是披着貂皮的野人？别那么想。我们真不知道他像什么，但化石明确告诉了我们。你的 1.85 亿世高祖看起来就像————▶

是的，就是那样。你的 1.85 亿世祖爷爷是一条鱼。祖奶奶当然也是鱼了，否则他们不会配对，也就不会有你。

现在我们沿着 66 千米的书架走，依次抽出每一张照片看看。相邻照片上的生物都属于同一物种。每张照片看着都像它的前后邻居——和子女像父母一样。可是，如果你从一端走到另一端，你会发现一端是人而另一端是鱼，"他"们之间还有好多有趣的祖爷爷祖奶奶——马上我们会知道，他们有的像猿，有的像猴，还有的像地鼠。每一个都像他的邻居，但如果你随便拿两张相距较远的照片来看，他们差别就大了——如果你回到足够遥远的地方，你会碰到鱼。怎么会那样呢？

其实也不是那么难以理解。我们都很熟悉小步子的渐变累积而成的巨变。你本来是一个婴儿，现在不是了。再过些年，你还会变样。然而，在日常生活中，你每天早晨醒来时，你还是昨夜上床睡觉的你。婴儿成长为蹒跚学步的幼童，再到少年、青年、中年和老年，每一步都是渐变的，你不可能在哪一天说，"那人突然不再是婴儿了，他长大了。"你也不可能在某一天说，"他不再是小孩儿了，已经成人了。"也不会有那么一天可以说，"昨天他还是中年呢，今天就老了。"

这有助于理解我们的思想实验，它将我们带回 1.85 亿代之前，让我们面对一个鱼祖宗。反过来，顺着时间向前看，鱼生下小鱼，小鱼又生小鱼……然后越来越不像鱼了，等到 1.85 亿代之后，它变成了你。

这一切都是渐变的——即使你退后千年甚至万年，回到 400 代前，也不会察觉。不过总体上你也许能发现些许变化，因为父子也不是完全一个样。但你看不出什么一般性的趋向。一万年还不足以显现人类的演化趋向。一万年前的祖爷爷的肖像与现代人没什么区别（如果不考虑服装、发型和胡须这些外在因素）。他与我们的区别也不过就是我们今天人与人之间的区别。

那么，10 万年前我们的 4000 世祖爷爷呢？他们大概有勉强能觉察的变化。也许他们的头盖骨要厚一点儿（特别是眉毛下面）。但差别也是很小的。如果再早一些，回到百万年前，你 5 万世祖爷爷的照片就完全不同了，可以认为是另一个物种，我们称为直立人（Homo erectus）。你知道，今天的我们是智人(Homo sapiens)。直立人与智人大概是不会通婚的，即使通婚了，他们的孩子也不会有自己的后代——这有点儿像骡子（父亲是驴，母亲是马），几乎不可能有后代。（下一章我们讲为什么。）

同样，这一步也是渐进的。你是智人，你 5 万世的祖爷爷是直立人。不会有某个直立人突然生出一个智人的宝宝来。

所以，关于谁是第一人以及他什么时候出生，没有确切的答案。答案是模糊的，正如回答：你什么时候从婴儿变成幼童？大约几十万年前的某个时候，我们的祖先还跟现代人截然不同，即使和现代人相遇，也不会有后代。

你的 5 万世祖爷爷

你的 4000 世祖爷爷

我们是否该把智人叫"人"？那是另一个问题，要看你怎么用这些字眼——这是一个语义学的问题。有人喜欢将"斑马"（zebra）称为有条纹的"马"，而另一些人喜欢把"马"这个字留给我们骑的那个物种。这是另一个语义学问题。你可以为智人保留"人"（男人、女人）的名号，别人管不着。但是，不会有人把你1.85亿世的鱼祖先也称为人，否则就闹笑话了，尽管它与我们之间存在一根连续的链条，链条的每一节都像它的邻居一样，属于同一个物种。

石头记

那么，我们怎么知道我们的远祖像什么样子，生活在什么时候呢？主要是看化石。这一章里所有的祖先图画都是根据化石重现的，然后参考现代动物为它们着色。

化石是石头，它们保留了死亡动植物的形态。绝大多数动物死后都无法成为化石。秘诀在于，如果你想成为化石，那么你必须埋在恰当的泥土或淤泥里，最后才能固结形成"沉积岩"。

什么意思呢？岩石有三类：火成岩、沉积岩和变质岩。我不说变质岩，它本来是另外两种（火成或沉积）岩石，因为压力和 / 或热的作用而发生了变化。火成岩（Igneous，源自拉丁文的"火"：ignis）

来自火山喷发的炽热岩浆，然后冷却固结为坚硬的岩石。各种坚硬岩石都被风或水"消磨"（侵蚀），变成更小更细碎的岩块、卵石和沙尘。沙尘悬浮在水中，然后沉降，在江河湖海的底部形成泥沙或淤泥层。经过漫长的时间以后，泥沙硬化形成一层层的沉积岩。所有岩层最初都是平直而水平的，但几百万年之后，我们看见的通常是倾斜、倒转或弯曲的。（为什么会这样，见关于地震的第 10 章。）

假定一个动物死了，被水冲进河口的淤泥。如果泥土后来变成沉积岩，动物尸体会腐烂，在硬化的岩石里留下一个空穴，印下它躯体的痕迹，就是我们后来看到的化石。这是化石的一种——是动物的"负片"。空穴也可能充当一个模子，被后来的泥沙填充，硬化以后形成"正"的动物摹本，具有它外在的形态。这是第二种化石。还有第三种化石，动物体的原子和分子被水中矿物的原子和分子取代，最后结晶为岩石。这类化石最好，因为就在化石形成的过程中，动物内部的一些微小细节被幸运地永久复制下来了。

化石还能确定年代。我们可以说出化石经历多少年了，这主要是通过测量岩石中的放射性同位素。我们将在第 4 章了解什么是同位素，什么是原子。简单说，放射性同位素就是会衰变成不同原子的原子。例如，铀 238 变成铅 206。因为我们知道衰变所需的时间，于是可以把放射性原子当作一个放射性时钟。放射性时钟很像摆钟发明之前人们平常用的滴漏或蜡烛。在容器底部开一个洞，让水以可测量的速率流出。黎明时灌满水，测量水的位置就知道一天过了多少时间。蜡烛也一样。蜡烛以固定速率燃烧，所以它剩余的长度能告诉我们烧过了多长时间。对铀 238 来说，我们知道它 45 亿年衰减一半成铅 206。这个时间叫铀 238 的"半衰期"。于是，测量岩石里有多少铅 206，拿它与铀 238 的量比较，我们就能算出只有铀 238 而没有铅 206 的时候，也就知道自时钟"零点"以来过了多少年。

那么，时钟什么时候"归零"呢？这只能发生在火成岩，当炽热的岩浆固结为岩石时，所有时钟都为零点。沉积岩不同，它没有这样的"零时刻"，这有点儿遗憾，因为只有在沉积岩里才能找到化石。所以，我们需要寻找沉积岩邻近的火成岩，用它作为我们的时钟。例如，假如化石所在的沉积岩上面覆盖着 1.2 亿年的火成岩，而下面藏着 1.3 亿年的火成岩，那么化石的年龄应该介于 1.2 亿年和 1.3 亿年之间。我在本章提到的年龄，就是这样确定的。它们都是近似年龄，不能认为很精确。

铀238并不是我们唯一可以作为时钟的放射性同位素,还有很多别的元素,它们的半衰期极为悬殊。例如,碳14的半衰期才5730年,能帮助考古学家考察人类历史。更妙的是,不同放射性时钟的半衰期是重叠的,因而我们可以用它们来互相检验,结果总是一致的。

碳14时钟的运行方式各不相同。它不需要火成岩,而是用生物体本身的残余,如老木头。碳是我们最快的放射性时钟,但与人生比起来,5730年还是太长了,所以你

可能要问,我们怎么知道它的半衰期是5730年呢?更不用说铀的半衰期45亿年了。答案很简单,我们不必等到原子衰变一半,可以用很少量的原子计算衰变率,然后求出半衰期(或四分之一衰期、百分之一衰期,等等)。

时间旅行

我们再做一个思想实验。邀约几个伙伴坐进一台时间机器。点燃引擎,回到1万年

前。然后开门，看看你会遇到什么人。如果你碰巧降落在今天叫伊拉克的地方，那儿的人们正在发展农业。而在其他很多地方，人们还在游牧，从一个地方迁移到另一个地方，捕野兽，采草莓，打干果，挖草根。你听不懂他们说什么，他们的穿戴（如果有的话）也别有风貌。不管怎么说，假如你让他们穿现代服装，留现代发型，那么他们和现代人就没什么区别（即使有，也不像现代有些人与人之间的区别大）。他们还完全可以同你们那个时间机器上的任何一个现代人结

婚生子呢。

现在，在那些人中找一个志愿者（说不定是你400世的祖爷爷，因为他们正好生活在那个年代），然后让时间机器继续航行，再回1万年——这样你们就回到了2万年前，你可以会见你的800世祖爷爷。这时你遇到的人都是采猎者，但他们的身体还是和现代人的一样，能与现代人结合，哺育后代。带一个上你们的时间机器，然后继续航行，再回1万年。就这样一路往回走，每1万年停一站，并带一个人同行。

最后，回到大约 100 万年前，你会注意到，你从时间机器出来遇到的人和我们完全不一样，不可能与和你一起从家里出发的人结合，但能与最后几站加入的新乘客结合，他们几乎是一样古老的。

我上面说的和以前说的一样——都在说不可察觉的渐变，就像手表的时针的运动一样——不过这儿用了不同的思想实验。我用两种不同的方式说这同一个问题，是因为它非常重要，而且对有些人来说——这是可以理解的——它让人太难以置信了。

让我们接着向过去旅行，在通向那美妙的鱼儿的路上，我们会经过很多站。假定我

们的时间机器刚好来到"600 万年前"的那一站，我们会遇到什么呢？只要我们落在非洲的某个地方，我们会看到我们的 25 万世祖爷爷（有若干世代的误差）。它们是猿，有点儿像黑猩猩。但它们不会是黑猩猩。它们和我们不同，不可能与我们结合，也不可能与黑猩猩结合。但是，它们可以与我们在 599 万年那一站带来的伙伴结合，也许还能与 590 万年站的伙伴结合。但 400 万年前的就不行了。

现在继续旅行，1 万年停一站，回到 2500 万年前，我们将在那儿遇到你（和我）的 150 万世祖爷爷（近似估计）。它们不是

你的 25 万世祖爷爷
（600 万年前）

猿，因为有尾巴。如果在今天，我们会称它们为猴，尽管它们与现代猴子的关系并不比与我们的关系更亲。它们虽然与我们不同，也不可能与我们或现代猴子结合，却能与2499万年前加入我们的伙伴幸福地成为一家。渐变，一路都是渐变。

接着走，1万年一站，我们看不到可以觉察的变化。到6300万年时，如果停下来看谁在欢迎我们，我们可以与我们的700万世祖爷爷握手（爪？）了。它们像狐猴或丛猴，其实就是现代所有狐猴和丛猴的祖先，当然也是现代猴和猿的祖先，包括我们。它们与现代人的关系和与现代猴的关系一样亲，与现代狐猴或丛猴的关系也差不多。它们不能与现代任何动物结合，但也许能与在6299万年前搭车的伙伴结合。欢迎它们同行，我们继续。

你的 700 万世祖爷爷
(6300 万年前)

你的 150 万世祖爷爷
(2500 万年前)

在 1.05 亿年站，我们遇见了我们的 4500 万世祖爷爷，他也是所有现代哺乳动物的伟大祖先——除了有袋类动物（现在主要在澳大利亚，少数在美洲）和单孔目动物（鸭嘴兽和针鼹，现在只有在澳大利亚或新几内亚才能看到）。这张图片是他在吃一只昆虫，那是他最喜欢的美味。他与现代所有哺乳动物的关系都一样亲，尽管看起来更像其中的某一些。

在 3.1 亿年站，我们会遇见我们的 1.7 亿世祖奶奶，她是所有现代哺乳动物、爬行动物（蛇、蜥蜴、龟、鳄鱼）和所有恐龙（包括鸟，因为鸟是从恐龙演化来的）的伟大祖先。她与所有现代动物的关系都一样远，尽管看起来更像蜥蜴。这说明，蜥蜴与其他动物（如哺乳类）不同，它们自那时以来就没多大变化。

现在我们已经是老练的时间旅行者了，我前面提到的鱼也遥遥在望。让我们在 3.4 亿年前再停一站，在那儿我们遇到的是 1.75 亿世祖爷爷。他看起来有点儿像蝾螈，是所有现

你的 4500 万世祖爷爷
（1.05 亿年前）

代两栖类（如蝾螈和青蛙）的伟大祖先，也是所有其他脊椎动物的祖先。

于是，我们来到 4.17 亿年前，看见了我们的 1.85 亿世祖爷爷，也就是 40 页的那条鱼。从那儿出发，我们还能遇到更多更远的祖先，包括各种带爪的鱼、无爪的鱼……然"后"，我们的知识开始越来越模糊和不确定，因为我们的化石刚好是从那个遥远的年代开始的。

你的 1.75 亿世祖爷爷
（3.4 亿年前）

你的 1.7 亿世祖奶奶
（3.1 亿年前）

DNA 说我们都是亲戚

虽然我们可能还没找到化石告诉我们遥远的祖先到底像什么，但我们一点儿也不怀疑所有生物都是我们的亲戚，大家都是一家的。我们也知道哪些动物更亲（如人与猩猩，田鼠与老鼠），哪些动物更远（如人与杜鹃，老鼠与短吻鳄）。我们怎么知道呢？通过系统的比较。如今，最有力的证据就是比较它们的 DNA。

DNA 是所有生物的每一个细胞都携带着的遗传信息。DNA 是从盘绕的数据"条带"（叫"染色体"）解读出来的。这些染色体的确很像旧式打印机的那种数据条带，因为它们携带的信息是数字的，而且按一定次序系在条带上。它们由一串长长的密码"字母"组成，你可以一个个地数，每个字母要么在那儿，要么不在——而不会出现半个。这样，它成了数字的，而我们也能解读它。

所有的基因，不论动物的、植物的还是我们见过的细菌的，都是它们构造生命的密码，密码就藏在一个标准的字母表里。字母表只有四个字母（而英文有 26 个字母），我们写作 A，T，C 和 G。相同的基因出现在众多不同的动物里，只显现出几点不同。例如，有个基因叫 FoxP2，所有哺乳动物和许多其他动物都有。这是一串 2 000 个字母的基因。本页底部的图是 FoxP2 中间 80 个字母的片段，从字母 831 到 910。上面的一行来自人的基因，中间一行来自黑猩猩，最底下的一行来自老鼠。下面两行末尾的数字说明它们有多少字母不同于人的 FoxP2 基因。

我们可以说 FoxP2 是所有哺乳动物共有的基因，是因为绝大多数密码字母都相同，不仅那 80 个字母如此，整个基因也是如此。黑猩猩的字母并不和我们的一样，不同之处用红色标记。在 FoxP2 的全部 2 076 个字母中，黑猩猩有 9 个字母与我们不同，而老鼠有 139 个不同的字母。这样的模式在其他基因也一样。这就解释了为什么黑猩猩和我们那么相似，而老鼠就差远了。

人类   CTCCAACACTTCCAAAGCATCACCACCAAT
黑猩猩   CTCCACCACTTCCAAAGCGTCACCACCAAT
老鼠   CTCCACCACGTCCAAAGCATCACCACCCAT

黑猩猩是我们的近亲，老鼠是远亲。"远亲"意味着我们最近的共同祖先也生活在很久以前。猴子比老鼠离我们更近，但比黑猩猩要远一些。狒狒和猕猴都是猴子，彼此是近亲，有几乎相同的 FoxP2 基因。他们距离黑猩猩和我们是一样的，狒狒与黑猩猩的 FoxP2 的 DNA 字母有 24 个不同，而与我们有 23 个不同。

同样，我们还可以看到，青蛙是距离所有哺乳动物更远的亲戚。所有哺乳动物都有近似相同数目的字母与青蛙不同，因为同样的理由，所有哺乳动物都是一样亲近的亲戚：它们拥有一个共同的祖先（大约 1.8 亿年前），而它们与青蛙的共同祖先远在 3.4 亿年前。

当然，不是所有的人都相同，也不是所有的狒狒都一样，这群老鼠也不会完全等同于另一群老鼠。我们可以逐一比较你我基因的字母，结果如何呢？我们之间的共同字母应该比你我与黑猩猩的多，但我们还是发现了不同的字母。不算太多，也没有特殊理由把 FoxP2 单独选出来。不过，如果把我们所有基因里的共同字母加起来，它会大于我们任何一个与黑猩猩共同的字母。你和你表妹的共有字母比我多，而你和你父母和兄弟姐妹（如果有的话）的共有字母更多。实际上，通过计算任何两个人共有的 DNA 字母数，你就可以发现他们有多亲。这种计算很有意思，未来我们也许会听说更多。例如，如果警察可以通过某人的 DNA "指纹"去追踪他的兄弟。

有些基因在所有哺乳动物里都可以识别为相同的（有微小差别）。统计这些基因的不同字母，可用来区分相关的哺乳动物物种的亲疏关系。其他基因则可以用来区分更远的关系，例如脊椎动物与蠕虫。还有些基因可以用来区分物种内的关系——例如你和我的亲疏关系。如果你正好来自英国，也许你会感兴趣，你我最近的共同祖先大概就生活在几百年前。如果你是塔斯曼尼亚或美洲土著人，那么只有回到几万年前才能找到你我的共同祖先。如果你是卡拉哈里沙漠的桑人（电影《上帝也疯狂》），那我们就得回到更遥远的过去了。

ATCATTCCATAGTGAATGGACAGTCTTCAGTTCTAAGTGCAAGAC
ATCATTCCATCGTGAATGGACAGTCTTCAGTTCTAAATGCAAGAC 9
ATCATTCCATAGTGAACGGACAGTCTTCAGTTCTGAATGCAAGGC 139

我们确定无疑的是，我们与所有的动物和植物物种都有一个共同的祖先。我们知道这一点是因为有些基因在所有生物（包括植物、动物和细菌）里都可以识别为相同的。更重要的是，遗传密码本身——转译所有基因的字典——在我们见过的所有生物里都是相同的。我们都是亲戚，你的家族谱树不仅包括黑猩猩和猴子那样明显的亲戚，还包括老鼠、野牛、鬣蜥、小袋鼠、蜗牛、蒲公英、金雕、蘑菇、鲸鱼、袋熊和细菌，都是我们的亲戚。每一个都是。这个思想难道不比任何神话更神奇吗？而最神奇的是我们知道那一切都是真的。

你的 1.85 亿世祖爷爷
（4.17 亿年前）

③ Why are there so

为什么有
那么多种动物？

　　流传着很多神话解释为什么
一些动物是这样而另一些动物是
那样——那些神话想"解释"的，
都是这样一些问题：为什么美洲
豹有斑点？为什么大白兔有尾巴？
似乎没有多少神话想说明动物的
多样和区别。我就没见过类似犹
太人的巴别塔神话的故事。
那神话说明了语言的多样
性。故事说，从前，世界上
所有的人都说同一种语
言，所以他们能通力合
作，共建一座通天的高
塔。上帝觉察到了这一
点，对人与人的相互理
解深感不安。如果他们
语言相同，齐心协力，那还
有什么做不了的呢？于是，
他决定"搅乱他们的语言"，
要他们"听不懂别人说的话"。

MANY different kinds of animals?

照那神话的意思，这就是语言如此多样的原因，于是听不同种族或国家的人说话，就像咿咿呀呀（babble）的鸟叫。奇怪的是，"babble"这个词儿与巴别（Babel）塔没关系。

我一直想找类似的关于动物多样性的神话，因为我们将要看到，语言演化与动物演化有相似的地方。但似乎没有哪个神话特别关心有多少种不同的动物。这令我惊讶，因为有间接证据表明，部落的人都知道存在很多不同的动物。如今知名的德国科学家迈尔（Ernst Mayr）在20世纪20年代曾开创性地研究了新几内亚高地的鸟类，他为当时发现的137个种编纂了目录，令他惊愕的是，当地人能叫出其中136种的名字。

还说神话。北美的霍皮人有一个女神，叫蜘蛛女。在他们的创世神话里，蜘蛛女与太阳神塔瓦联袂唱出了第一首魔曲。这支歌带来了地球和生命。然后，蜘蛛女用塔瓦的思想的丝线将它们织成固体的形态，造了鱼、鸟和所有其他动物。

其他北美民族，如浦韦布洛人和纳瓦霍人，他们的生命神话有一点儿演化的思想：生命在地球的出现就像植物通过一系列的阶段萌芽生长。昆虫从它们的第一个世界（红色世界）爬出来，爬进第二个世界，一个蓝色世界，也是鸟儿生活的世界。于是，第二个世界变得拥挤不堪，鸟儿和昆虫

飞进第三个世界，一个黄色世界，也是人和其他哺乳动物生活的世界。这样，黄色世界也拥挤了，食物匮乏了，于是大家一起（昆虫、鸟和哺乳动物）进入第四个世界，一个有着白天和黑夜的黑白世界。

在那儿，神已经创造了聪明的人，他们知道如何耕耘第四世界，

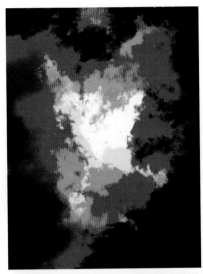

还教信赖的伙伴一同来耕耘。

犹太人的创世神话更像为多样性找公道，而不是真想解释它。实际上，我们在前一章看到，犹太《圣经》有两个不同的创世神话。在第一个神话里，犹太神在六天里创造了万物。第五天，他创造了鱼、鲸鱼和所有海洋生物，还有空中的鸟。第六天，他创造了其他陆地生物，包括人。神话的叙述着意在生物的种类和数量——例如，"神就造了大鱼和水所滋生的一切生物，各从其类，还造了长翅膀的飞禽，各从其类。"还造了"陆地的野兽"和"地上的爬虫"，都"各从其类"，但为什么有那么多物种呢？它没说。

在第二个神话里，我们感觉神可能想到了他的第一个男人应该有不同的伙伴。那个男人，亚当，是单独造出来的，然后放他在美丽宜人的花园。接着，神发现"不好让他孤独"，于是"造了原野的走兽和空中的飞鸟，把它们带给亚当，看他叫它们什么。"

Why are there REALLY so many different kinds of animals?

狮子

要亚当给所有动物起名字，可是件苦差事——希伯来人可能根本想不到有多难。迄今有科学名字的物种有 200 多万个，而那不过是尚未命名的物种的零头。

我们如何确定两个动物是属于同一物种还是不同物种呢？若是有性繁殖的动物，我们可以定义它们是一类的。如果动物不能共同哺育后代，它们就属于不同物种。也有边缘类型的动物，如马和驴。它们能在一起哺育后代（叫骡或驴骡），可那后代不能生育自己的后代。所以，我们将马和驴归入不同的物种。更明显的是，马和狗是不同物种，因为它们之间连交配都没有，即使有也不会产生后代。但西班牙猎犬和贵宾犬是一个物

种，它们能快乐交配，生下的狗宝宝也能生育后代。

每个动物或植物的学名都包括两个拉丁词，通常用斜体。第一个词指种所在的"属"，第二个是属内的具体种。例如，*Homo sapiens*（"智人"）和 *Elephas maximus*（"大象"）。每个种都是属的一员，*Homo* 是属，*Elephas* 也是属。狮子是 *Panthera leo*，属 *Panthera* 还包括 *Pathera tigris*（虎）、*Panthera pardus*（美洲豹或"黑豹"）和 *Panthera onca*（美洲虎）。智人是我们属的唯一幸存物种，但命名的化石有直立人和能人等。其他类人的化石与能人差别甚远，因而归入不同的属，如南方古猿非

食肉目

猫科

美洲虎

洲种和南方古猿阿法种（顺便说一句：aus-tralo- 只是南方的意思，与澳大利亚无关；澳大利亚也是从它衍生来的，字面意义是"南方大陆"）。

　　每个属都归入一个"科"（family），通常印刷为普通"罗马字"，第一个字母大写。猫的大家族（包括狮子、黑豹、猎豹、猞猁和许多小猫）构成的科叫猫科。每科属于一个"目"（order）。猫、狗、熊、鼬鼠和土狼同为食肉目（Carnivora）下的不同科。猴、猿（包括我们）和狐猴都是灵长目（Primates）下的不同科。每一个目属于一个纲（class）。所有哺乳动物都属于哺乳纲（Mammalia）。

　　在你读刚才那段物种序列的描述时，脑子里有没有浮现出一棵大树的形象？那是一棵族谱树，有很多分支，每个分支还有更小的分支、更小更小的分支。种是树梢，其他的族群——纲、目、科、属——则是大大小小的枝桠。整棵树代表了地球上的所有生命。

想想看，为什么有那么多枝桠？分支又分支，分支足够多时，枝桠的数量也会很多。演化就是那样的。达尔文亲自画过一棵树，是他著名的《物种起源》里的唯一一幅图。下面是达尔文树的一个早期版本，是他更早的时候画在笔记本里的。在那页的上面，他给自己写了两个奇怪的字儿："我想。"你知道什么意思吗？也许他正要写一句话，却被孩子打断了，然后就再没写了。也许他发现用那个图比文字更能表达他的思想。我们大概永远不会知道究竟。那页纸上还写了些东西，但很难认。读笔记手稿是诱人也恼人的事情，科学家在某个特殊的日子写下它们，而从没想过发表。

下面的图并不准确代表动物怎么分化，但能说明一个基本道理。我们设想某个祖先物种分化出两个种，然后每个种又分化出两个，两个生四个，四个生八个，16，32，64，128，256，512……可见，只要翻倍分化，很快就能生出几百万个物种。这一点你可能理解，但你也许好奇为什么物种会分化。这一点嘛，和语言的分化是一个道理，那么，我们就先来看看语言的问题。

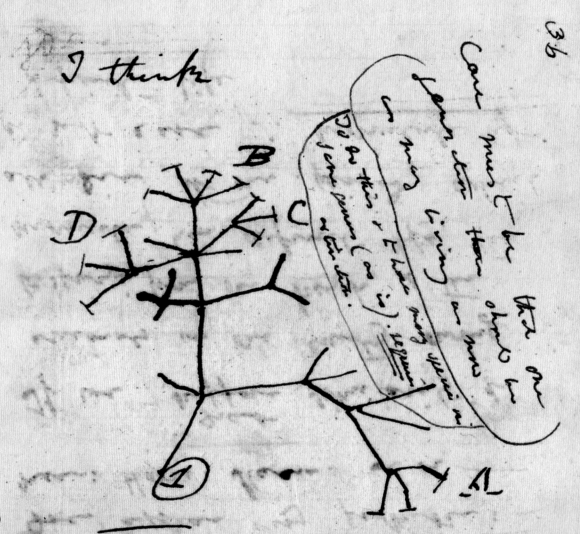

分裂：
语言和物种是如何分化的？

尽管巴别塔的传说当然不会是真的，它却提出了一个有趣的问题：为什么有那么多的语言？

有些物种相似，归入同一个属。同样，语言也有种属。西班牙语、意大利语、葡萄牙语、法语和很多欧洲语言，连同罗曼语（Romansch）、加利西亚语（Galician）、欧西坦语（Occitan）和加泰罗尼亚语（Catalan）等方言土语，彼此都很接近；它们叫"罗马语系"。这个名字实际上来自它们共同的源头拉丁语，即罗马的语言，而与什么浪漫传奇无关，但我们可以用爱的表达来做一个例子。你可以用下面的句子来表达你的爱：Ti amo，Amote，T'aimi 或 Je t'aime。拉丁语是 Te amo——很像现代西班牙语。

向肯尼亚、坦桑尼亚或乌干达爱人发誓，你可以用斯瓦西里语说：Nakupenda。在更南方的莫桑比克、赞比亚或马拉维（我在那儿长大），你可以用齐切瓦语（Chinyanja）说：Ndimakukonda。用南部非洲的所谓班图语，你可以说 Ndinokuda，Ndiyakuth anda 或 Ngiyakuthanda（祖鲁语）。班图语系和罗马语系截然不同，而与它们都不同的还有德语系，包括荷兰语、德语和斯堪的纳维亚语。你看见了，我们说语系，真的就像我们说物种（如猫科、狗科）甚至说我们自己的家族（如约翰家、罗宾逊家、道金斯家）。

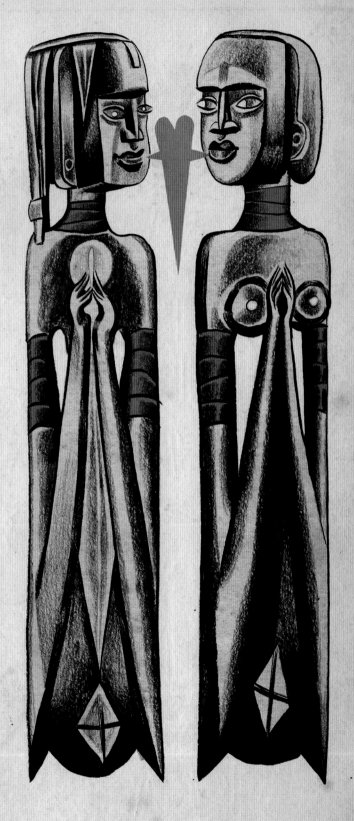

相关的语言是怎么在过去的几百年里形成的呢？这一点不难说明。听听你和朋友怎么谈话，再听听你爷爷怎么谈话。他们的话和你的话只有很小的区别，你很容易听懂。不过你们才隔了一代而已。想象你和25世的祖爷爷对话——他们在14世纪，如果在英国，那是诗人乔叟（Geoffrey Chaucer）的时代，他会这样描述自己：

He was a lord ful fat and in good poynt;
His eyen stepe, and rollynge in his heed,
That stemed as a forneys of a leed;
His bootes souple, his hors in greet estaat.
Now certeinly he was a fair prelaat;
He was nat pale as a forpyned goost.
A fat swan loved he best of any roost.
His palfrey was as broun as is a berye.

文字都认识，是吧？可我敢说，如果人家读出来，你一时半会儿还听不懂。（如果你想试试，可以听听现代演员读的乔叟：http://www.booksattransworld.co.uk/dawkins-chaucer）如果差别更大，你大概会认为那是另一种独立语言，正如西班牙语独立于意大利语。

所以，任何地方的语言都在变化，百年后的不同于百年前的。我们可以说它"漂移"成了不同的语言。现在看另一个事实：不同地方说同种语言的人很少有机会听对方说话（至少在电话和收音机发明之前是那样的）；语言在不同的地方会沿不同的方向"漂移"。说话方式如此，语言本身也是如此：同样是英语，听听苏格兰、威尔士、北英格兰、康沃尔、澳大利亚和美国人说的，是多么不同啊！苏格兰人很容易区分爱丁堡、格拉斯哥和赫布里底群岛的口音。经过漫长时间以后，说话的方式和所用的语汇，都会带上地域的特色。当同一种语言的两种

说话方式漂移足够远时，我们就说它们是不同的"方言"。

经过千百年的漂移，不同地区的方言越漂越远，到最后，一个地区的人听不懂另一个地区的话，这时我们就当它们是不同的独立语言。德语和荷兰语就是那样，原有同一个语言祖先（现在已经消亡了），后来朝不同方向漂移而分离了。法语、意大利语、西班牙语和葡萄牙语也是在欧洲不同的地方从拉丁语分离的。

你可以像达尔文那样画一棵语言的谱系树，法语、葡萄牙语和意大利语是相邻枝头的"表亲"，它们的祖先拉丁语在下面的主干上。

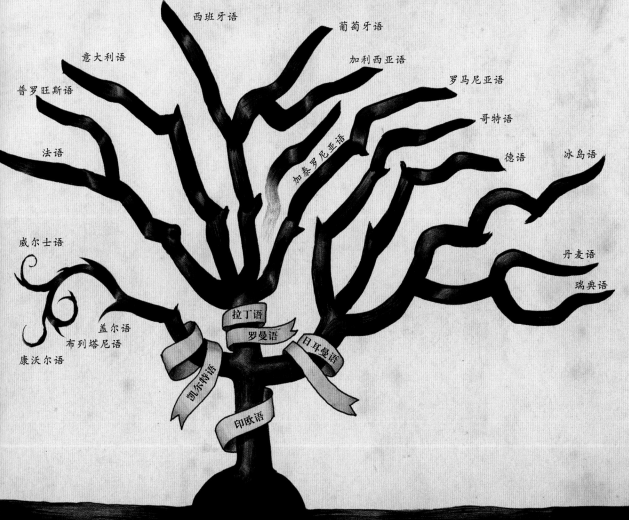

物种和语言一样，也随时间和距离变化。在说明为什么之前，我们先来看它们是怎么变的。对物种来说，语言就是DNA——我们在第2章说过，这是每个生物都携带的遗传信息，决定它的生长。当个体有性繁殖时，DNA发生交换。一个种群的成员迁移到另一个种群时，也通过与那个种群的成员交配而把它们的基因带过去，我们称那是"基因流"。

跟意大利语和法语的情形一样，两个分离种群的DNA会随时间变得越来越不像，一起生育后代的能力也越来越弱。马和驴可以交配，但马的DNA远离了驴的DNA，所以它们不再相互认识。更准确的说法是，它们能交配——两种"DNA方言"能相互沟通——生育出小骡子，但它们还不能融为一体，所以生下来的后代（骡子）没有生育能力。

物种和语言的一个重要区别是，语言之间可以"互借词语"。例如，英语从罗曼语、德语和凯尔特语分离出来，却从北印度语借了"shampoo"（洗发水），从挪威语借了"iceberg"（冰山），从孟加拉语借了"bungalow"（平房），从因纽特语借了"anorak"（滑雪衫）。相反，动物分化之后，就不再（或几乎不再）与其他物种交换DNA。细菌有所不同：它们确实会交换基因，但本书没工夫深入那个故事了。本章后面，我只谈动物。

孤岛：分离的力量

那么，物种的 DNA 犹如人类的语言，在分离时发生漂移。怎么会这样呢？是什么造成分离的呢？海洋，这是一个显然的可能。分离于不同岛屿的种群不会相遇——至少不会经常相遇——于是，它们的基因组有了漂移的机会，因而岛屿在新物种的演化中起着极其重要的作用。但我们不能仅仅以为孤岛就是一块被海洋包围的孤立土地。对青蛙来说，沙漠里的一个绿洲是它生活的"孤岛"；对鱼来说，湖是它的孤岛。不论对物种还是对语言，岛都是至关重要的，因为岛上的种群与其他种群隔断了（物种的基因流被阻断了，正如语言漂移被阻断），所以能自由开始沿自己的方向演化。

另一个要点是，孤岛的种群不一定完全孤立：基因可能偶尔穿越壁垒，不论是水还是荒漠。

1995年10月4日，一捆圆木和被连根拔起的树木被风吹到加勒比海安圭拉岛海滨，圆木里有13只鬣蜥，它们原来在另一个岛（可能是250千米外的瓜德罗普岛），经过如此艰险的旅程后竟然还活着。一个月前，路易斯和玛丽琳飓风刚肆掠过加勒比海，它们将树连根拔起，吹进大海。也许鬣蜥那会儿正在爬树（它们喜欢趴在树上，我在巴拿马见过），结果树被飓风折断，它们被吹进大海，一路漂泊，来到安圭拉岛，开始新生活；在新家园养育、繁衍和传播它们的DNA。

我们知道这件事情，是因为当地渔民看见鬣蜥来到安圭拉岛。几百年前那儿还没人，但肯定也有类似的东西把鬣蜥的祖先第一次带到瓜德罗普岛，也一定有类似的故事说明鬣蜥怎么会出现在加拉帕格斯群岛，我们的下一个故事就发生在那儿。

加拉帕格斯群岛很有历史意义，它可能第一次激发了达尔文的进化思想。1835年，他作为猎犬号探险队的一员，曾来过这里。

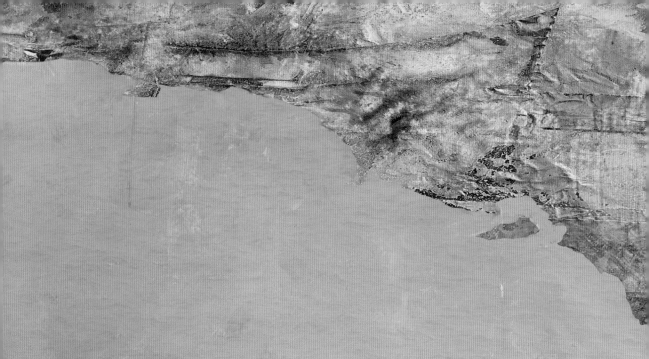

那是太平洋里的一群火山岛，靠近赤道，距离南美洲大约 1000 千米。岛都很年轻（只有几百万年），是海底火山冲出水面形成的。这意味着岛上的所有动植物都是近期（以演化的标准）从其他地方来的——可能来自美洲大陆。物种一旦到来，就能从一个岛穿越到另一个较近的岛，它们往来经常（也许每个世纪一两次），然后遍及整个群岛；可是，在往来间歇中，它们还能独立演化——即我们本章所说的"漂移"。

没人知道第一只鬣蜥是什么时候来到加拉帕格斯群岛的，也许它和 1995 年到安圭拉岛的后代一样，是搭乘木头从美洲大陆漂流来的。现在距离大陆最近的岛是圣克里斯托巴尔岛（达尔文听说的是它的英文名字查塔姆岛），但几百万年前还有其他邻近的岛，只是后来沉到海面以下了。鬣蜥可能先到达某个如今已经沉没的小岛，然后

穿越到其他岛，包括今天还在的那些岛。

接着，它们在新地方繁衍，就像 1995 年到安圭拉岛的那些鬣蜥一样。第一代加拉帕格斯群岛的鬣蜥会演化得跟它们在大陆上的亲戚不一样，部分是因为"漂移"（如语言），部分是因为自然选择会偏爱新的生存本领：荒芜的火山岛与南美大陆是迥然不同的地方。

岛屿间的距离都远小于它们到大陆的距离，所以鬣蜥偶尔会跨海到另一个岛（也许百年一次，而不是百万年一次）。于是，它们最终会出现在大多数（或所有）的岛上。岛屿间的跨越毕竟很难得，所以在其他鬣蜥尚未来得及跨越来"污染"时，它们能在不同的岛上独立演化；等它们下次相遇时，已经不可能交配生子了。结果，今天在加拉帕格斯群岛出现了三种不同的大陆鬣蜥，它们不会有杂交的后代。巴林顿陆鬣蜥（*Conolophus pallidus*）只有在圣塔菲岛才有，加拉巴哥陆鬣蜥（*Conolophus sub-*

cristatus）则生活在几个岛，包括费南迪纳、伊萨贝拉和圣塔克鲁斯岛（每个岛的种群大概都正在向着不同的种演化）。加拉帕戈斯粉红地鬣蜥（Conolophus marthae）只生活在伊萨贝拉岛火山链（包括五座火山）的北端。

顺便说一句，这引出另一点有趣的地方。你记得，我说过湖泊和绿洲也可视为生命岛，即使它们都不是汪洋里的一块陆地。那么，伊萨贝拉的五座火山也一样。每座火山周围都是郁郁葱葱的草木（下图里的绿色地带），那就是绿洲，与另一座火山之间隔着一块荒漠。加拉帕格斯群岛的多数岛屿都只有一座大火山，而伊萨贝拉有五座。如果海水抬升（例如因为全球变暖），它可能分成五个岛。其实，你可以把每座火山都看做一个岛，大陆鬣蜥（或巨龟）就是那么看的，它们需要靠植被生活，而那只有在火山周围的山坡上才能找到。

只要有任何地理屏障的隔绝，即使偶尔能穿越，都会导致演化的分离。（实际上，不一定是地理屏障，特别对昆虫来说，还有其他可能，但为简单起见，我这儿就不多说了。）一旦分隔的种群漂移越来越远，它们之间就不再能繁衍后代，而地理阻隔也就失去意义了。这时，两个物种将独自演化，不再"感染"彼此的 DNA。最初主要就是因为这种地理的阻隔，我们的星球才出现那么先们，最初也是这样分离的。

在加拉帕格斯群岛鬣蜥的演化史上，出现过一个非常特殊的新种。在某个岛上——我们不知道哪个岛——当地的大陆鬣蜥完全改变了生活方式。它们不再吃火山坡上的陆生植物，而是跑到海边去吃海藻。然后，自然选择眷顾了那些学会游泳的个体，到今天，它们的后代都喜欢潜下水去吃水下的海藻。它们被称为海鬣蜥，比陆生鬣蜥珍稀多了，现在只有在加拉帕格斯群岛才能看到。它们有很多适于海洋生活的奇异特征，也就

更不同于加拉帕格斯群岛和世界其他地方的陆地鬣蜥了。它们当然是从陆地鬣蜥演化来的，但与加拉帕格斯群岛的现代陆地鬣蜥并不是近亲。所以，它们可能是从某个现已灭绝的早期种属演化来的，那些祖先远在现代陆鬣蜥（Conolophus）之前就生活在远离大陆的岛上。在不同的岛上有不同的海鬣蜥"家族"，但还是同种的。也许有一天，这些不同的"岛族"会发生漂移，分化成同一个海洋鬣蜥属下的不同种。

发生过同样故事的还有巨龟、火山蜥蜴、飞不起来的鸬鹚、模仿鸟、麻雀以及加拉帕格斯群岛上的很多其他动物和植物。同样的故事也在世界的其他地方发生。加拉帕格斯群岛只是一个鲜明而独特的例子。生命之岛（包括湖泊和绿洲）产生新的物种。河流也能起同样的作用，如果动物不能渡过河流，两岸种群的基因就可能分化，正如两岸的语言可能形成两种方言，然后分化为两种语言。山脉当然起着阻隔作用，平原的距离也一样。西班牙的老鼠可以通过一条有亲缘关系的鼠链跨越亚洲大陆连通中国。但要基因从一只老鼠传到另一只老鼠，那距离要漫长得多，所以它们仍然在分离的岛上。西班牙老鼠和中国老鼠会沿着各自的方向演化。

加拉帕格斯群岛的三种陆地鬣蜥只有几千年的独立演化历史。经过若干亿年之后，某个祖先的后代可能变得面目全非，就像螳螂变成鳄鱼一样。实际上，确有那么一个时候，螳螂（还有其他很多动物，包括蜗牛和螃蟹）的遥远的祖先也是鳄鱼（更别说其他脊椎动物了）的遥远的祖先（我们说"远祖"）。如果你想遇见那样的远祖，你得回到遥远的过去，大概几十亿年以前。这段历程太长了，我们简直难以想象当初是什么阻隔把它们分开的。不管那是什么，一定在海里，因为那时还没有生活在陆地的动物。也许远祖就生活在珊瑚礁上，而两个种群正好在两个珊瑚礁上，中间隔着幽深而冰冷的海水。

我们在前一章看到，我们要回到600万年前才能找到人类和黑猩猩的最近的共同祖先。那个时代不算遥远，我们能想象可能分隔它们的地理屏障。有人建议那就是非洲的大裂谷，人在裂谷东岸，黑猩猩在裂谷西岸。后来，黑猩猩分化为普通的黑猩猩和矮黑猩猩——据考证，分隔它们的是刚果河。我们在上一章还说过，所有现存哺乳动物的共同远祖生活在大约1.85亿年前。从那以后，它的后代就开始不停地分化、分化、再分化，形成我们今天看到的几千种哺乳动物，包括231种肉食动物（狗、猫、鼬鼠、熊，等等），2000种啮齿动物，88种鲸鱼和海豚，196种偶蹄动物（牛、羚羊、猪、鹿、羊），16种马（马、斑马、貘、犀牛），87种兔和野兔，977种蝙蝠，68种袋鼠，18种猿（包括人），以及许许多多不断灭绝的动物（包括几种灭绝的人类，只能从化石知道他们曾经存在过）。

刺激、选择与生存

在本章最后，我想用略微不同的方式把前面的故事再讲一遍。我提到过基因流，而科学家还常说基因池，我想现在更全面地说说它们的意思。当然并不存在什么真正的基因池，"池"（pool）令人想起水，意味着基因可能在其中搅拌。但基因只存在于生命体的细胞里才有，那么，说基因池是什么意思呢？

每一代的有性繁殖都一定会将基因混合。你就是父母基因混合的结果，这意味着你的基因混合着四个祖辈的基因。在漫长的演化历史中（几千年、几万年或者几十万年），种群的每一个个体也都如此。在那个历程中，性过程一定会使基因在整个种群得到彻底的混合，犹如"搅拌"一样，所以我们有理由说存在一个巨大的充满漩涡的基因的池塘，即"基因池"。

还记得吧，我们将物种定义为个体能交配繁殖后代的动物或植物群。现在你可以看到那定义的重要了。如果两个动物是同种的，那就意味着它们的基因是在同一个基因池里搅拌的。如果两个动物属于不同的种，它们就不可能属于同一个基因池，因为即使

它们生活在同一个地方，也经常相遇，它们的 DNA 也不可能在有性繁殖过程中混合。假如同一个物种的种群在地理上阻隔了，它们的基因有可能分离——一旦分离，即使以后它们相遇，也不再可能繁殖后代了。既然基因池失去了波澜，它们也就变成了不同的

物种，然后继续分离，经过数百万年之后，它们之间的差别会变得像人与螳螂的差别一样。

演化意味着基因池的改变。基因池的改变意味着有些基因多了而另一些基因少了。过去普通的基因会变得稀罕，甚至完全消亡。结果，物种的典型代表可能会在形状、大小、色彩和行为等方面发生变化：它进化了，因为基因数量改变了。这就是进化。

为什么基因数量会随着世代更替发生改变呢？其实，在那么长的时间里，不变才奇怪呢。想想语言在数百年间的变化就明白了。像单词 thee（你），thou（你），zounds（怒骂），avast（停下），和短语 stap me vitals（"真要命"），几乎

都从英文里消失了。另一方面，短语 I was like（意思是"我说"），在 20 年前还难以理解，如今却流行起来了。作为夸奖的"cool"（"酷"）也是如此。

这一章就说这些，主要的意思就是，分离种群的基因池会像语言那样漂移。但在物质的情形，还有漂移以外的东西。那"以外"的就是自然选择，这个无比重要的过程，是达尔文的最伟大发现。即使没有自然选择，我们也相信基因池会偶然发生漂移。但那样的漂移漫无目的。自然选择将漂移领上确定的方向：生存的方向。在基因池存活的基因，就是适应生存的基因。那么，适应生存的基因是怎样炼成的呢？它帮助其他基因"强身健体"，更适于生存和繁殖：强健的身体能长久存活，从而能将强健的基因一代代传下去。

具体的过程随物种而不同。鸟和蝙蝠的基因为它们生一双强健的翅膀，鼹鼠的基因为它长出厚实强壮的手掌。狮子的基因让它拥有善跑的长腿和尖利的爪牙。羚羊的基因让它拥有飞快的腿和灵敏的听觉和视力。竹节虫的基因让它的身体变得和竹节一样。不论细节多么不同，所有物种都在玩儿同一个游戏：基因在基因池里生存。下次你看见动物（任何动物）或植物时，看着它对自己说：哦，那是一台精密的机器，传播构造它的基因。我看到的是一台基因生存的机器。下次你看着镜子里的你，请想想：你也是那样的。

STUFF

假定你随便拿一块什么东西，用最锋利的刀将它切成两半。

接着，把它再切两半；然后，再切两半，如此如此，不断切下去。

万物是由什么组成的？

维多利亚时代，小朋友们最喜欢的一本书是爱德华·李尔（Edward Lear）的《胡言乱语》。除了猫头鹰和小猫咪（你也许知道，因为现在还很出名）、混沌怪和没有脚趾头的小泡泡，我还喜欢最后的菜谱。珍珠牛肉末的菜谱是这样开头的：

找几根牛肉条，切成最薄的肉片，然后切它八九刀，分得更小更小。

如果一直切下去，把它分得越来越小，你会得到什么呢？

最后，那个东西会不会小得不能再小了呢？刀片的厚度是多少？针尖儿有多大？

构成事物的最小东西是什么？

made  of ?

　　希腊、中国和印度的古代文明好像都有一个相同的认识：天下万物是由四种"元素"构成的：气、水、火和土。

　　但一个叫德谟克利特（Democritus）的古希腊人更接近真相。他想，如果把事物切分足够小，最终会得到一个不可能再切分的小东西。希腊语的"切分"是 tomos，前面加一个字母 a，意思就是"不"或者"不能"。所以，a-tomic 的意思是东西小得不能更小了，我们的"原子"（atom）一词就是从这儿来的。金原子是最小的金子，即使能把它切分更小，它也不再是金了。铁原子是最小的铁。等等。

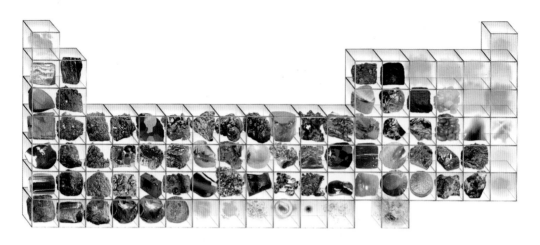

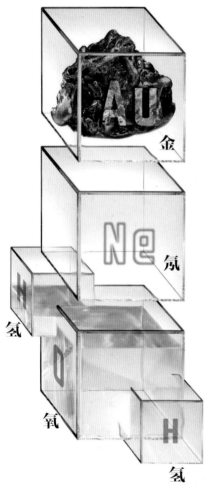

我们现在知道有 100 多种不同的原子，其中只有大约 90 种是自然出现的，其余几种是科学家在实验室里制造的，但量很小。只由一种原子组成的纯物质被称为元素（我们以前说土、空气、火和水是元素，但意思是不同的）。举例来说，氢、氧、铁、氯、铜、钠、金、碳、汞和氮等，都是元素。有些元素（如钼）在地球上很稀有（难怪你可能没听说过钼），但在宇宙的其他地方却很普通（我们怎么知道的呢？见第 8 章）。

金属是元素（如铁、铅、铜、锌和汞），气体也是元素（如氧、氢、氮和氖）。但我们周围的多数物质都不是元素，而是化合物。化合物就是两个或多个不同原子以特殊方式结合在一起的东西。你也许听说过水是"H_2O"，这是它的化学分子式，意思是一个氧原子与两个氢原子结合而成的化合物。构成化合物的一群原子叫分子。有些分子很简单：例如水分子只有那三个原子。其他分子，特别是那些在生物体内的分子，由成百上千的原子以特殊方式结合在一起。实际上，正是原子的类型、数目和结合方式，决定了一个分子是这个化合物而不是另一个。

你也可以用"分子"一词来描述两个或多个相同原子结合成的东西。我们呼吸的氧气就是氧分子，由两个氧原子组成。有时，三个氧原子结合形成另一种分子，叫臭氧。原子（即使是相同原子）在分子中的数量，真是至关重要的。

臭氧对呼吸有害，但地球上层大气的臭氧却对我们有好处，它保护我们不受太阳光线的危害。澳大利亚人做日光浴时之所以特别小心，就是因为臭氧层在遥远的南方出现了一个"洞"。

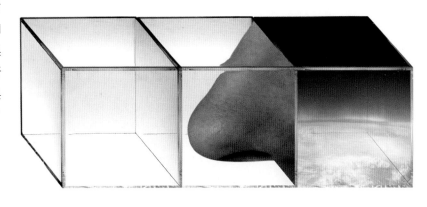

水晶原子大检阅

钻石晶体是一个大分子，大小不定，由数百万个碳原子黏在一起，以一种非常特殊的方式排列。它们的晶体内的空间组合十分规则，像接受检阅的士兵方阵，只是它们的阵列是三维的，像一群游鱼。但"鱼"的数量——即使最小钻石晶体的碳原子的数量——却是巨大的，比全世界所有的鱼（加上人）还要多。"黏在一起"容易令人误会，你别以为那是紧密塞在一起的一团碳固体，原子之间没有一点儿空隙。实际上，我们将看到，多数"固体"物质都有空间。这一点需要解释一下，回来再说。

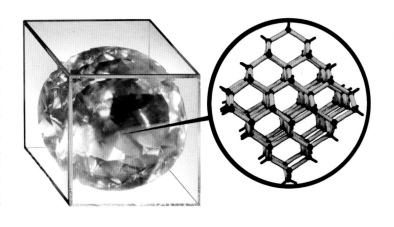

所有晶体都是以"阅兵列阵"的方式形成的，即原子以固定模式在空间有规则地排列，从而塑造出晶体的形态。其实，我们所谓"晶体"，正是这个意思。有些"士兵"能以不止一种方式"列阵"，形成迥然不同的晶体。碳原子以某种方式构成神奇坚硬的钻石晶体，但如果以不同的方式，它可以构成石墨晶体，柔软得可以作为润滑剂。

我们以为晶体美丽晶莹，还形容某些东西（例如水）"像水晶一样清澈"。但实际上，多数固体物质都由晶体组成，而多数固体物质都不是透明的。一块铁由大量聚集的小晶体组成，每个晶体都由数百万个原子像钻石里的碳原子那样"列阵"。铅、铝、金、铜等都是由不同原子的不同晶体构成的，但它们都是大量不同类型的小晶体混合在一起的。

沙子

盐

沙也是晶体。很多沙粒其实就是被水和风磨圆的岩石小颗粒。泥土加水或其他液体也是如此。沙粒和土粒通常会重新聚集形成新的岩石，叫"沉积岩"，因为它们是硬化的泥沙（即沉积到江河湖海底部的小固体颗粒）。砂岩里的沙主要是石英和长石晶体组成的，那是地壳中十分寻常的两种晶体。石灰岩不同，它是碳酸钙（和粉笔一样），来自珊瑚骨架和海贝壳，包括单细胞生物（有孔虫）的外壳。假如你看见一个白色的海滩，那多半儿也是来自各种贝壳的碳酸钙。

有时，晶体完全由同一种原子（属于同一种元素）"列阵"组成。例如钻石、金、铜和铁。但有些晶体由两种不同原子构成，当然也严格按照一定次序（如相互交替）列阵。盐（普通的调味盐）不是元素，而是两种元素的化合物，即钠与氯。在食盐晶体

中，钠原子和氯原子相互交替地排列。实际上，在这个情形，它们不叫原子而叫"离子"，但我不想进一步解释了。每个钠离子都有 6 个氯离子邻居：前、后、左、右、上、下，相互直角相交。每个氯离子也被钠离子以同样方式包围。列阵的整体由正方形构成。所以，如果你用放大镜仔细看，会看见食盐晶体是立方体——即正方形的三维形态——或者至少有方形的边缘。其他众多晶体都由多种原子的"列阵"构成，我们能在岩石、沙粒和土壤里看到很多。

固体、液体、气体
——分子是怎么运动的？

晶体是固体，但并非所有东西都是固体。我们还有液体和气体。在气体中，分子不像晶体那样黏在一起，而是在任意空间里

自由飞奔，像台球那样直来直去（只是在三维空间里，而不是在桌面上）。它们横冲直撞，除非撞上另一个分子或容器壁，这时，它们也会像台球一样反弹回来。气体可以压缩，说明原子和分子之间有大量空间。压缩空气时，你会感觉有"弹性"。给自行车轮胎打气时，你会感到同样的弹性。如果松开活塞，你的手会被弹开。你感觉的弹性叫"压力"。那个压力是气筒内数百万空气分子（氮气、氧气和少量其他气体的混合物）撞击活塞的总体效应。（气体也撞击其他任何东西，但只有活塞有响应。）在高压力下，撞击的频率也高。为了让撞击更快，你可以将同样数量的气体分子压缩到更小的体积（例如，你打气的时候）；你也可以提高气体的温度，这样会令分子跑得更快。

液体与气体有相似之处，它的分子也会四处运动或"流动"（因为这一点，气体和液体都被称为"流体"，而固体却不是）。但液体分子比气体紧密得多。将气体注入密封的容器，它会充满每个角落和缝隙，直达容器顶部。气体的体积会快速膨胀，填满整个容器。液体也会充满每个角落和缝隙，但只能达到一定的高度。液体不同于气体的是，一定量的液体会保持固定的体积，在重力作用下向下流动，所以它从下到上只能填充它需要的那部分容器。这是因为液体分子之间保持着密切接触。但液体也与固体不同，分子之间会相互滑动，正因为这个，液体才表现出流体的行为。

固体根本就不会去填充容器——它要保持自己的形态。那是因为固体分子不会像液体分子那样相互滑动，而是与相邻分子保持（大约）一定的相对位置。我说"大约"是因为即使在固体中，分子也会有一定的摇摆（温度越高摇摆越快），只不过摇摆的幅度不会很大，不会严重偏离它在晶体中的位置，因而也不会影响它的形状。

有时液体"黏"如糖浆。黏性液体也会流动，但流得很慢，需要很长的时间才能铺满容器的底部。有时液体还会黏如固体，几乎流不动。尽管这类物质不是晶体构成的，但行为就像固体，例如玻璃。我们说玻璃会"流"，但要几个世纪才能觉察。所以，实际上我们可以把玻璃看成固体。

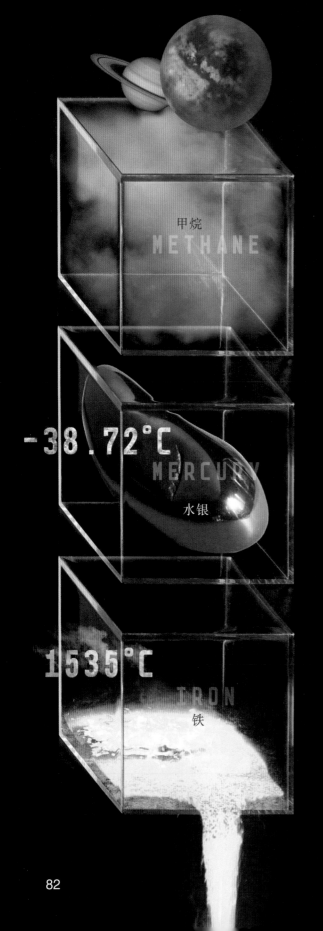

甲烷
METHANE

−38.72℃
MERCURY
水银

1535℃
IRON
铁

固体、液体和气体是我们为物质的三种普通"相"起的名字。许多物质能在不同温度下具有不同的相。在地球上，甲烷是气体（通常叫"沼气"，因为它常在沼泽地冒泡出来，有时会起火，看着像怪异的"鬼火"。但在土星的一颗巨大冰冷的卫星泰坦（土卫六）上，有很多液态甲烷的湖泊。假如行星更冷，它可能还会有冰冻的甲烷"岩石"。我们认为水银是液体，但那只是说它在地球的寻常温度下是液态的。如果将它放在北极冬天的野外，它将成为固体。如果加热到足够高的温度，铁也会是液体。实际上，地球深处的核心周围就是液态的铁和镍的海洋。据我所知（尽管我很怀疑），可能有非常炽热的行星，表面是液态铁的汪洋，里面还游动着奇异的生命。照我们的标准，铁的冰点很高，所以我们在地球表面总是遇到"冷铁"〔从 Google 可以知道，这个词儿来自诗人吉普林（Rudyard Kipling），我很喜欢他，尽管他现在不那么火了〕；汞的冰点很低，所以我们常看见"水银"。在另一个极端，汞和铁都会成为气体，只要温度足够高。

原子内部

本章开头，我们设想把物体切分得尽可能小，到原子就不能再小了。例如，铅原子是还能称为铅的最小物体。那么，我们真的不能进一步切分原子了吗？铅原子看起来真是一小块铅吗？不，它不像小铅块，也不像其他任何东西。那是因为原子太小，即使拿高倍的显微镜也看不见。而且，我们确实可以把原子切分成更小的碎片——但得到的不再是原来的元素，我们马上会知道为什么。另外，原子很难切分，它会释放惊人的能量。正因为这个，"分裂原子"的说法对有些人来说是凶兆。第一个分裂原子的是新西兰科学家卢瑟福（Ernst Rutherford），那是在 1919 年。

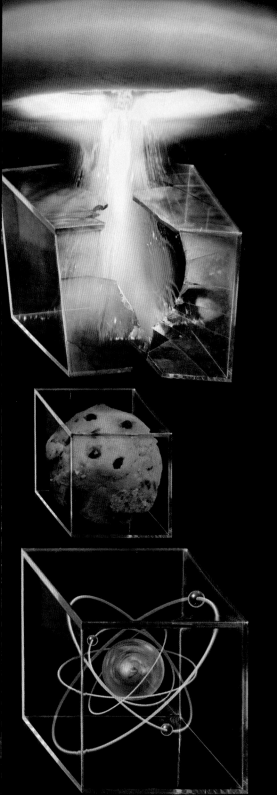

虽然我们看不见原子，虽然分裂它就会变成别的东西，但那并不意味着我们不能探知它的内部像什么。我在第 1 章解释过，当科学家不能直接看见某个东西时，他们会提出一个关于它的"模型"，然后检验那个模型。科学模型是认识事物的一种方式，所以原子模型是关于原子内部的一种思想图景。科学模型犹如想象力的翅膀，却又不仅仅是想象力的翅膀。科学家并不是提出模型就了事，他们还要继续检验它。他们说，"如果我想象的模型是对的，那么我们会在现实世界看到如此这般的事物。"如果你做特定的实验和测量，你会看到模型预言的东西。一个成功的模型就是预言正确的模型，特别当预言经受了实验检验以后。如果预言是正确的，我们希望它意味着模型可能代表了真相，至少是部分真相。

有时预言不对，科学家就回头重新调整模型，或考虑新模型，然后继续检验。不论哪种方式，这个提出和检验模型的过程——我们称它为"科学方法"——比从前为了解释未知（当时也不可能知）事物而提出的最美妙、最富想象力的神话，都更有可能把握事物的本质。

有个早期的原子模型，叫"葡萄干面包"模型，是伟大的英国物理学家汤姆逊（J. J. Thomson）在 19 世纪初提出的，但我不说它，因为它被卢瑟福更成功的模型取代了——就是分裂原子的那个卢瑟福，他从新西兰来到英国，做汤姆逊的学生，后来继汤姆逊任剑桥物理教授。卢瑟福模型后来也被他的学生修正了，那是著名的丹麦物理学家玻尔（Niels Bohr），他把原子看成一个迷你型的太阳系。原子中心有一个核，包含了大部分的物质。在环绕核的"轨道"上飞着叫电子的粒子（如果你认为"轨道"就是像行星环绕太阳的轨道那样，那就误会了，因为电子并不是确定位置上的圆东西）。

在卢瑟福－玻尔模型里，相邻原子核之间的距离远大于核的尺寸，即使在坚硬的固体物质（如钻石）中也是如此，这一点令人惊讶，也许反映了某种真相：原子核之间是远远分隔的。这一点我回来再谈。

我前面说过，钻石晶体是碳原子像士兵列阵那样组成的巨大分子，但那阵势是三维的，还记得吗？好，现在我们可以改进我们的钻石"模型"，给它加一个标度——让我们直观感觉一下分子中原子的大小和它们之间的距离。假如我们不用士兵而用足球来代表晶体里的碳原子核和环绕它的电子。在这个尺度上，钻石中的相邻足球之间的距离大于 15 千米。

足球之间那 15 千米的间隔包含了绕核的电子轨
道。但每个电子在我们的"足球标度"下比小蚊
子还小，而那群"小蚊子"距离它们环绕飞行
的足球也有几千米远。于是，你可以惊奇
地看到，即使坚硬无比的钻石也几乎是

空空如也的空间！

同样的道理也适用于所有的岩
石，不论它多结实、多坚硬。铁和
铅如此，连最坚硬的木头也如此，
你我还是如此。我说过，固体物质
是原子"塞"在一起构成的，但在
这里，"塞"的意思有点儿奇怪，因
为原子本身几乎就是空的。原子核相
隔遥远，如果它们像足球，那么两个
核的距离为 15 千米，而它们之间只有
几只小蚊子。

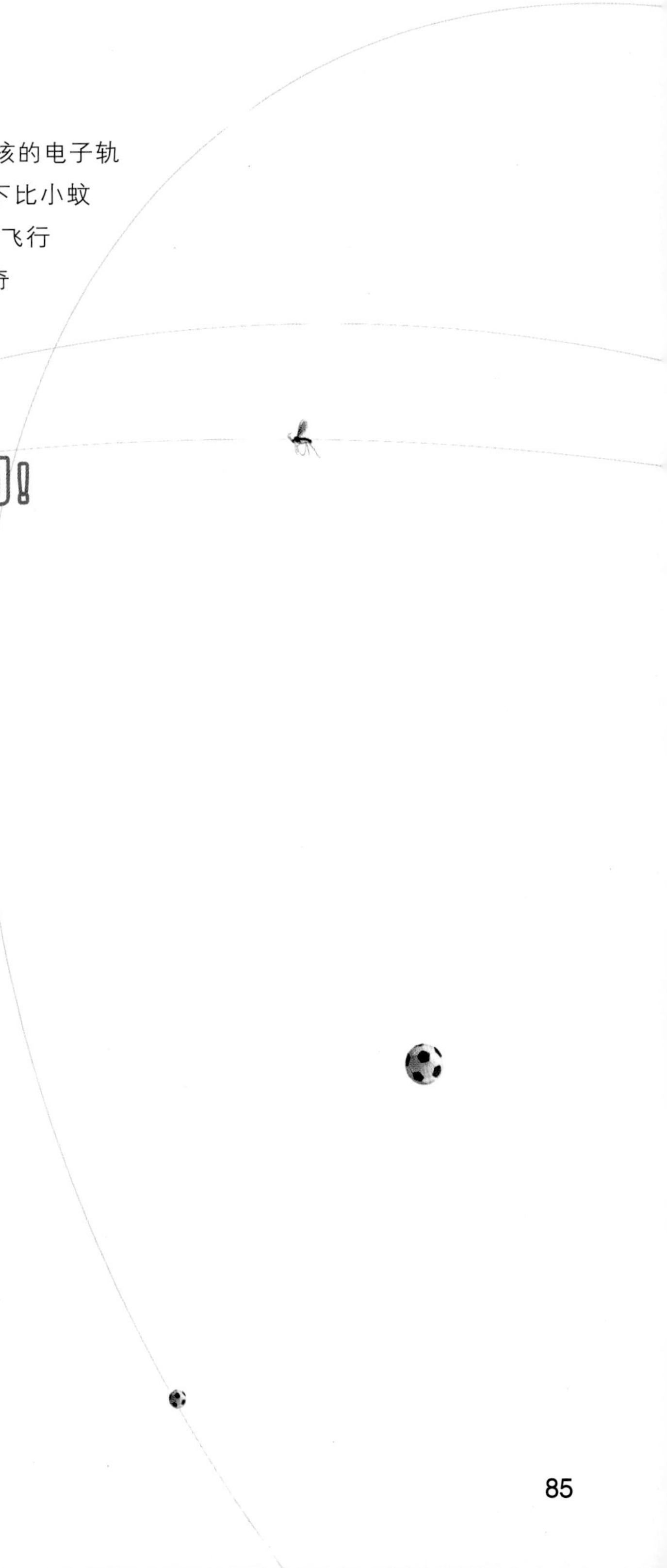

怎么会这样呢？如果说岩石几乎全是空的，其中的物质像足球一样分隔好多千米，怎么感觉起来它会那么坚硬实在呢？它怎么不会像积木房子一样，你一坐下它就坍塌？我们为什么看不透它呢？如果说墙壁和我们的身体都是空的，我们为什么不能穿墙而过呢？

想象你坐在一座普通大楼的一间普通的办公室里，看着墙壁。你想，墙壁是混凝土的，而混凝土就是原子，而原子几乎全是空的。我也一样——几乎是空的。

那么，你当然可以穿过墙壁了？为什么不试试呢？于是你试了。

然后，你碰壁了。为什么呢？

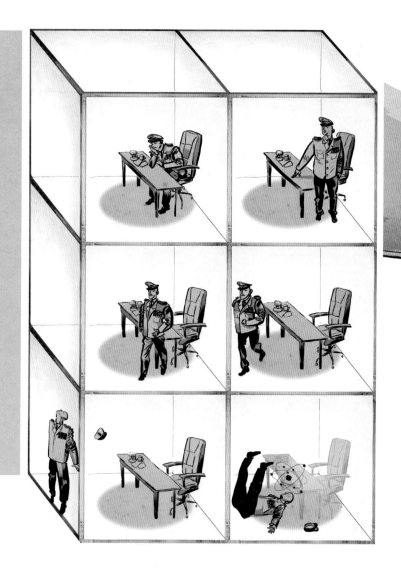

乍一想，还真有道理。我知道墙壁和我自己的身体都是原子组成的，它们间隔很远，像距离 15 千米的足球。是啊，假如墙壁和我的身体都几乎是空的，我应该可以让我的原子从墙壁的原子间的空间穿过去，为什么不行呢？

为什么我们感觉岩石和墙壁那么坚硬？为什么我们不能把我们的空间与它们的空间融合起来？我们必须认识到（任何试过穿墙碰过壁的人都会明白的），我们感觉的和看见的固体物质，并不仅仅是原子核和电子——或"足球"和"蚊子"。科学家常说"力"、"键"和"场"，它们以各自的方式发生作用，既让"足球"分离，也将每个球的组分维系在一起。正是这些力和场使事物感觉像固体。

当我们深入到像原子核那样的微小事物时，"物质"与"空间"的界线开始失去它原来的意思。我们不能说原子核就是足球那样的"物质"，也不能说核之间存在"空间"。

我们定义固体为"不能穿越的东西"。你不能穿墙，因为那些神奇的力将相邻的核固定在特定位置。这就是固体的意思。

液体有相似的含义，区别仅在于场和力对原子的束缚不像固体那么紧，所以原子之间能滑动，意味着你可以穿过水，尽管不如穿过空气那么轻快。空气是若干气体的混合物，很容易穿过，因为气体中的原子没有被束缚在一起，是自由活动的。只有当气体中的大多数原子都朝着同一个方向运动，而你想逆着那个方向行走时，气体才会变得难以穿越。这就是我们难以逆风而行的原因（"风"正是那个意思）。对抗强风很艰难，而对抗飓风或喷气式飞机引擎向后喷出的风，简直就不可能。

我们不能穿过固体物质，但某些微小的粒子（如所谓的光子）却能。光束就是光子流，它们能直接穿过某些固体物质——我们称那些物质为"透明的"。在玻璃、水和某些宝石里，也有钻石那样的"足球"排列，这意味着

光子

恰好能穿过它们，当然会变慢一点，就像你在水中行走也会慢下来一样。

除了像石英晶体等几个例外，岩石是不透明的，光子不能穿过它们。相反，光子会因颜色不同而被岩石吸收或反射，其他多数固体物质也是如此。有几种固体以非常特殊的方式直线地反射光子，就是我们说的镜子。但多数固体物质都会吸收很多光子（它们是不透明的），而将反射的光子散射出去（这种行为不像镜子了）。我们看它们是"不透明的"，还是有颜色的，颜色取决于它们吸收什么光子，反射什么光子。我将在第 7 章"彩虹是什么"回来说颜色的问题。这会儿，我们需要缩小我们的视野，认真去看看原子核（足球）的内部有些什么。

最小的东西

原子核并不真像足球，那只是个粗略的模型。它肯定不像球那么圆，而我们也还不清楚是否可以说它有什么"形状"（shape）。也许，

形状 和"固体"等字眼儿，对这些微小的东西来说，都失去了意义。我们谈的正是非常非常微小的东西。

本句话后面的句号大约可包含一万亿亿个墨水原子.

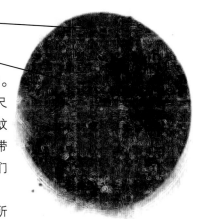

每个原子核都包含了更小的粒子，叫质子和中子。如果愿意，你也可以把它们看做小球。质子和中子的尺寸差不多，都很小很小，但还比绕着核飞的电子（"蚊子"）大 1 000 倍。质子与中子的主要区别是，质子带一个电荷。电子也带一个电荷，符号与质子相反。我们这儿不需要纠结"电荷"是什么。中子不带电荷。

因为电子太太太小（质子和中子则是太太小！），所以原子的质量几乎就落在质子和中子。"质量"是什么意思呢？你可以把它想成重量，可以用同样的质量单位（克或磅）来度量它。然而，重量不同于质量，我需要解释它们的区别，不过要等到下一章。现在，我们就把"质量"看成某种和"重量"一样的东西。

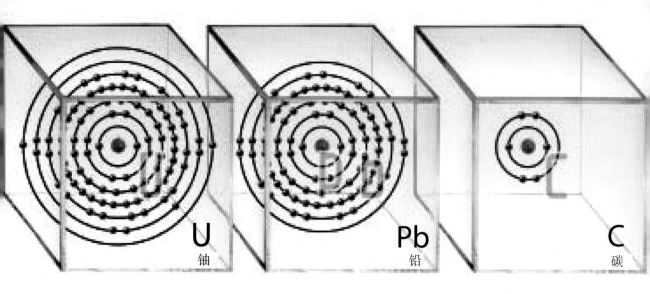

U 铀　　　　Pb 铅　　　　C 碳

物体质量几乎全在于它所有的原子里有多少质子和中子。一个元素的任意原子核中的质子数总是相同的，都等于环绕核的轨道上的电子数，不过电子对质量没有可观的贡献，因为太小了。氢原子只有一个质子（和一个电子）。铀原子有 92 个质子。铅有 82 个，碳有 6 个。对从 1 到 100 的每个数，都有且只有一个元素具有那个数量的质子（和同样数目的电子）。我不把它们都列出来，列举是很容易的（我夫人能很快默写出来，她用它来训练记忆力，也用来帮助她入眠）。

元素具有的质子（或电子）数叫元素的"原子序数"。于是，我们识别一个元素，不是靠它的名字，而是靠它唯一的原子序数。例如，原子量 6 是碳，82 是铅。我们很方便把元素列成一个表，叫元素周期表——我不想解释为什么叫那个名字，尽管它很有意思。现在我要回到前面提到的一个问题：当

元素周期表

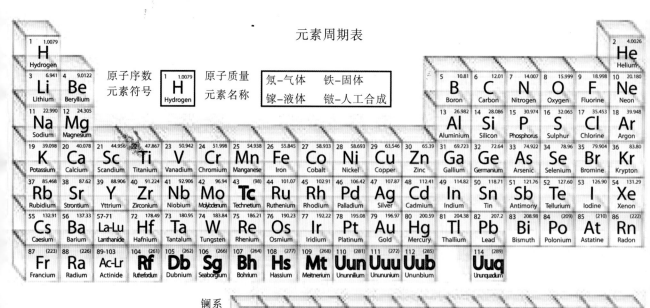

我们将铅（举例）切分为越来越小的碎片时，为什么最后的结果不再是铅？铅原子有82个质子，如果将它分裂成不再有82个质子，它就不是铅了。

原子核的中子数不像质子数那么固定：很多元素有不同的变种，叫同位素，有着不同的中子数。例如，碳有三个同位素，分别为碳12，碳13和碳14。这里的数字指原子质量，即质子数与中子数之和。这三个同位素都有6个质子，碳12有6个中子，碳13有7个中子，碳14有8个中子。有的同位素（如碳）是放射性的，意思是说它能以可预料的速率（但在不可预料的时刻）变成其他元素。科学家可以利用这个性质来计算化石的年代。碳用来计算比多数化石更年轻的事物的年龄，例如古代木船的年代。

那么，我们把一个东西切分得越来越小，最后就得到三种粒子：电子、质子和中子？不。即使质子和中子也有内部的东西。即使它们那么小，也包含着更小的东西，叫夸克（quark）。但我不打算在本书谈那种东西。那不是因为我怕你们听不懂，而是因为我知道我不懂！我们这会儿正在走进一片神奇的境地，认识我们的认识极限是很重要的。我们不会永远不懂，也许我们会懂的，科学家正满怀成功的希望研究它们。但我们必须知道我们不知道什么，在认识它之前坦白承认自己的无知。科学家们至少知道一些关于那片神奇的微小世界的东西，但我不知道，我知道自己的局限。

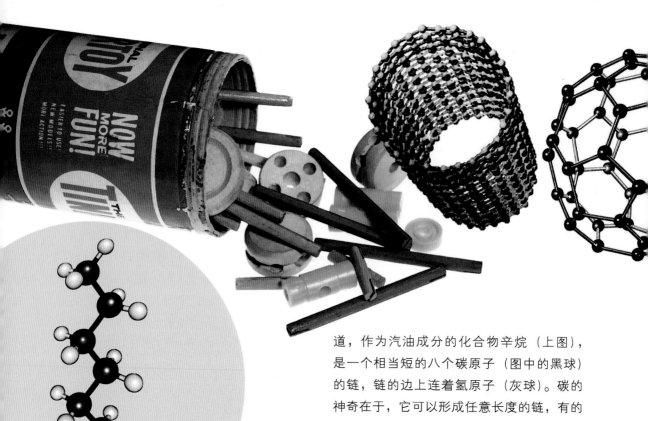

道，作为汽油成分的化合物辛烷（上图），是一个相当短的八个碳原子（图中的黑球）的链，链的边上连着氢原子（灰球）。碳的神奇在于，它可以形成任意长度的链，有的长达几百个碳原子。有时，碳链能结成一圈。例如，右上图的萘（卫生球就是它构成的）就是两个圈——其中的分子也由结合在一起的碳氢原子构成。碳化学很像做玩具，即小朋友们的积木游戏。

在实验室里，化学家不仅做成了简单的碳圈，还做成了形态更神奇的积木式的分子，叫巴克球和巴克管。"巴克"

碳——生命的骨架

每个元素都有各自的特殊性，但有一个元素，碳，尤为特殊，所以我想在本章结束时简单说说它。碳的化学甚至从整个化学里分离出来，有了自己的学科，叫"有机"化学，而其余的化学是"无机"化学。这样，还有什么比碳更特殊的吗？

答案是，碳原子与其他碳原子结合形成链。你可能知

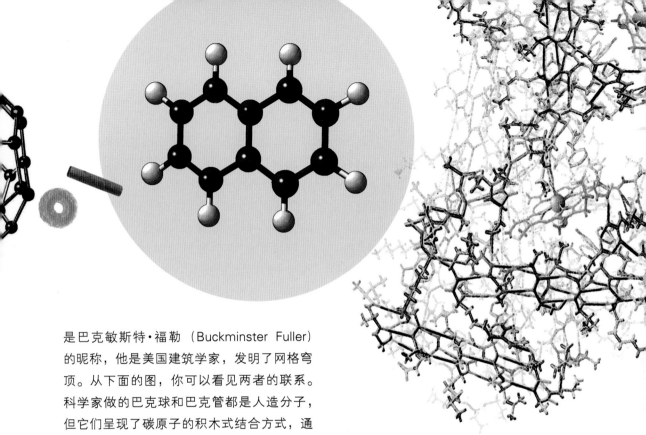

是巴克敏斯特·福勒（Buckminster Fuller）的昵称，他是美国建筑学家，发明了网格穹顶。从下面的图，你可以看见两者的联系。科学家做的巴克球和巴克管都是人造分子，但它们呈现了碳原子的积木式结合方式，通过那些方式，碳原子可以形成无限长的骨架式结构。（最近有一个激动人心的消息说，在一颗遥远恒星周围漂浮的尘埃里探测到了巴克球分子。）碳化学提供了几乎无限多种可能的分子，它们有着不同的形态，在生命体中就出现了几千种。其中最大的是一种非常巨大的分子，叫肌红蛋白，在我们的肌肉中有几百万个。

这儿的

插图没画单个原子，只画了结合它们的原子键。

肌红蛋白里的原子并不都是碳原子，却是碳原子结合构建了精妙的骨架结构。有了那样的骨架，才有了生命。看到生命细胞中还有着成千上万像肌红蛋白一样复杂的分子，你可能会想，有了足够多的积木块，你才能搭起很多你喜欢的东西，那么，碳化学为了构造生命物质那么复杂的东西，当然也需要尽可能多的形式。

神话呢？

这一章有点儿不寻常，它没从一系列的神话说起。这只是因为很难找到这个主题的神话。神秘的微小事物的世界不像太阳、彩虹或地震那样吸引原始人的注意。你仔细想想，就不会觉得奇怪。他们甚至都没办法知道它的存在，当然也就不可能创造神话去解释它！到 16 世纪发明了显微镜，人们才发现池塘、湖泊、土壤、尘埃甚至我们自己的身体里都充满了微小的生物，它们虽然小得看不见，却复杂而精妙，各有自己的美丽——或者可怕，看你怎么想了。

下面插图中的生物是尘螨——蜘蛛的远亲，但肉眼看不见。每个人的家里都有数以千计的尘螨，在地毯和床单的每个角落爬行，很可能也包括你的。

如果先民知道它们，你可以想象他们会编造什么样的神话传说来解释！但在显微镜发明之前，人们做梦也想不到它们的存在——所以没有它们的神话。另外，尘螨尽管微小，却包含着千亿个原子。

尘螨够小了，构成它们的细胞更小。生活在尘螨——还有我们——体内的数不清的细菌，则比细胞还小。

而原子呢，则远远比细菌还小。整个世界都由难以置信的微小东西组成，我们的眼睛看不见它们，也从来没有什么神话或某个全知全能的上帝的《圣经》向我们提到过它们！实际上，你读那些神话故事的时候，会看到它们根本没讲任何科学家们辛勤发现的东西。它们没告诉我们宇宙有多大和多老，也没告诉我们怎么治疗癌症；它们没有解释

引力和内燃机，也没有说病菌、核聚变、电磁波或者麻醉剂。其实，一点儿也不奇怪，《圣经》所讲的关于世界的一切，都是最早讲述那些事情的先民们所知道的，它不可能讲那以外的东西！如果那些"圣书"真是全知全能的神仙们说出来、写出来或刻下来的，那么他们对那些重要的事物只字不提，岂不是太奇怪了吗？

黑夜是怎么来的?

我们的生活由两个大节律主导,一个比另一个慢很多。快的是一日的昼夜更替,24小时重复一次;慢的是一年的冬夏更替,365天多一点重复一次。一点儿不奇怪,两个节律都孕育了神话。昼夜循环的神话特别丰富多彩,因为从东向西运动的太阳令人遐想。甚至有的民族将太阳看做金色的战车,由神仙驱策在天空飞行。

澳大利亚土人在他们的孤岛上生活了至少 40 000 年,流传着世界上最古老的神话。那些故事都发生在一个神秘的"黄金时代",那时世界刚诞生,居住着动物和一群巨人祖先。不同的土著部落有不同的黄金时代的神话,第一个来自南澳大利亚弗林德山的部落。

在那黄金时代,有两个好朋友蜥蜴,一个是巨蜥(澳大利亚名字是 goanna),另一个是壁虎(一只快乐的小蜥蜴,脚垫能吸在墙壁上,所以能在垂直的墙壁上爬行)。两个伙伴发现,其他朋友都被太阳女和她的野狗杀死了。巨蜥大怒,向太阳女扔出飞镖,

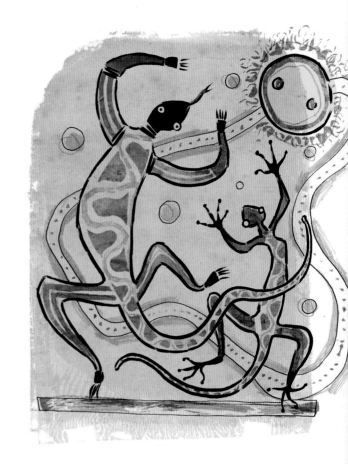

and day, winter and summer?

把她打出了天空。太阳消失在西方的地平线，世界陷入一片黑暗。两个朋友感到了恐慌，想把太阳拉回来，可惜失败了。巨蜥又拿出一支飞镖，朝着太阳消失的西方扔去，希望能把太阳勾回来，也失败了。于是，他们朝所有方向扔飞镖，眼巴巴盼着把太阳找回来。最后，巨蜥只剩一支镖了，在绝望中他把它向着东方（与太阳消失的方向相反）扔了出去。这回，镖飞回来时，也把太阳带回来了。从此以后，太阳就不断重复相同的模式：在西方消失，在东方重新出现。

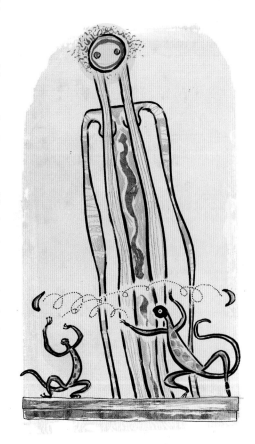

97

世界各地的很多神话传说都有同样的奇异特征：一个特殊事件发生了，然后因为某个从来没有解释的原因，相同的事件一次又一次地永远发生下去。

还有另一个土著神话，来自澳大利亚东南。有人向天空扔出一只鸸鹋（一种澳大利亚鸵鸟）蛋，太阳从它孵化出来，碰巧点燃了那儿的（因为某个原因）一堆木头。天神发现那光亮对人有好处，就告诉手下人，每天晚上去那儿堆木头，好让大火照亮明天。

更长的季节更替也是世界各地神话的主题。北美土著人的神话和其他很多神话一样，也有动物的角色。在加拿大西部的塔坦人的神话里，箭猪和海狸为季节长短的事情吵起来了。箭猪想冬天长五个月，于是它举起五个手指头。但海狸想冬天的月份应该更多——和他尾巴的槽子一样多。箭猪很生气，坚持冬天应该更短。它突然咬断大拇指，举起剩下的四个手指头。从此，冬天就是四个月长。我觉得这个神话令人失望，因为它已经假定了该有冬天和夏天，却只解释了每个季节有多长。就这一点说，希腊的珀尔塞福涅（Persephone）神话要好得多。

珀尔塞福涅是主神宙斯的女儿，母亲得墨忒耳（Demeter）是主掌大地和丰收的女神。珀尔塞福涅深得母亲宠爱，也帮着母亲看管谷物。但冥界之神哈德斯

（Hades）爱上了珀尔塞福涅。一天，她正在开满鲜花的草地上玩儿，突然地面裂开一个大洞，哈德斯驾着车从洞里出来，抓住珀尔塞福涅，把她带回地下，让她做了冥界的王后。得墨忒耳失去了爱女非常伤心，就不再种庄稼了，于是人民开始闹饥荒。最后，宙斯派众神使者赫尔墨斯（Hermes）下到冥界，把珀尔塞福涅带回生命和光明的地界。不幸的是，珀尔塞福涅在冥界吃了六颗石榴种子，这意味着（这样的神话逻辑我们已经习惯了）她每年必须回冥界住六个月。于是，珀尔塞福涅半年在地界，从春天到夏天。在这期间，草木茂盛，天下安乐。但因为吃了要命的石榴种子，她在冬天必须回到冥界，大地于是变得寒冷而荒芜。

what really changes day to night, winter to summer?

什么让白天变成黑夜？冬天变成夏天？

无论什么事情，如果高度精确地发生节律性的改变，科学家就怀疑它要么像摆那样摇动，要么一圈圈地环行。我们的昼夜和季节的节律变化是第二种情形。季节性节律可以解释为地球环绕太阳的周年运动，距离太阳大约 1.5 亿千米。昼夜变化则是因为地球像陀螺一样自转。

我们感觉太阳在天空运动，那只是一个错觉，因为相对运动而产生的错觉。这种错觉在我们是司空见惯的。假如你坐在一列火车上，它停在另一列火车旁边。突然，你感觉你的车开始"动"了，可后来才发现你没动，而是旁边的列车反方向开走了。我记得第一次坐火车就对这个错觉发生了兴趣。（那时我还小，因为我还记得我在那次旅行犯了一个错误，在站台等车时，听父母一直在唠叨"我们的车马上就到了"，"我们的车来了"，"这就是我们的车"。我兴高采烈上车了，因为那是我们家的火车。我在走廊里来回溜达，什么都新鲜。想到那一切都是我们的，我得意洋洋。）

相对运动也可以反过来看。你感觉旁边那列车动了，却发现是你自己的车在动。有时很难区分视运动和真运动。当然，如果车在启动时发生颠簸，就容易区分了；但如果列车启动很平稳，就难说了。如果你的车超越一列慢车，有时你会感觉你的车停了，而那列车在慢慢向后运动。

太阳与地球的关系也是如此。太阳并不是在天空从东向西运动，真正运动的是地球，它像宇宙间的几乎所有事物一样（顺便说一句，也包括太阳，不过我们可以忽略这一点），在一圈圈地自转。从专业术语说，地球在绕着它的"轴"自转：你可以把那轴线想象成穿过南北极的直线。太阳相对地球（而不是相对宇宙间的其他天体，不过我要

说的只是它对我们地球的情形）几乎是静止不动的。地球自转十分平稳，所以感觉不到它在动；我们呼吸的空气也跟着它运动，否则我们就会感到狂风劲吹，因为我们自转的速度达每小时几千千米，至少在赤道有那么快。显然，越靠近北极或南极，自转的速度越慢，因为我们脚下的大地在那儿绕轴一周的距离要短得多。因为我们感觉不到地球的自转，周围的空气跟着我们转动，就像两列火车的情形。为了证明我们在运动，唯一办法是看那些不随我们转动的东西，如恒星和太阳。我们看到的只是相对运动——正如两列火车一样——仿佛我们静止不动而星星和太阳在我们的空中运动。

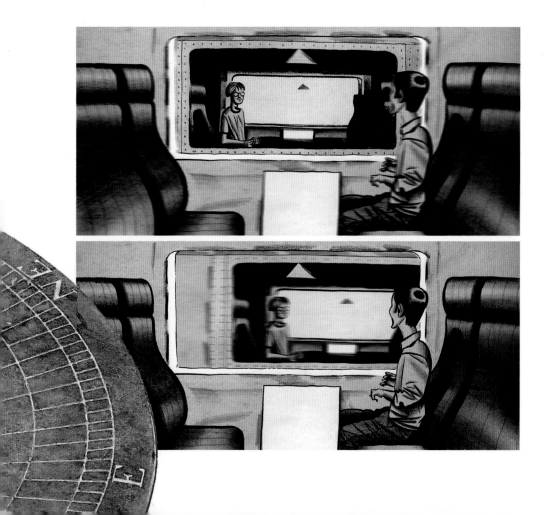

一个叫维特根斯坦（Wittgenstein，其中 W 发音如 V）的著名思想家曾问他的学生和朋友安斯康姆（Elizabeth Anscombe），

"为什么有人说认为太阳绕着地球转比认为地球绕自己的轴旋转更自然呢?"

安斯康姆小姐回答说:

"我想那是因为原先太阳看起来就在绕着地球运动。"

"那么，"维特根斯坦回答说:

"如果原先地球看起来在绕自己的轴转动，会是什么情形呢?"

想想并回答这个问题!

102

如果说地球以每小时几千千米的速度旋转，那为什么我们跳起来不会落到另一个地方？是啊，当你在速度为 100 千米 / 时的火车上跳起时，也会落在同一个地方。你可以认为在跳起来时也被列车拖着向前，但你感觉不到，因为其他东西也以同样速度向前。你可以在车厢里向上直抛一个球，它会垂直落下来。在列车上你可以好好玩儿乒乓球，只要车开得平稳，不加速、不减速，也不拐急弯儿。（但只有在封闭的车厢里。如果你想在敞开的车厢里玩儿乒乓球，球会被风吹走。这是因为在封闭的车厢里，空气随你一起动；而在敞开的车厢，就不会那样了。）在平稳运动的封闭列车里，不论车开多快，就和乒乓球或车内的其他任何东西一样，你都能一样站得稳稳当当的。然而，如果你在火车加速（或减速）时跳起，你就会落在不同的地方！在加速、减速或转弯的列车上打乒乓球，即使车厢里的空气相对于车厢纹丝不动，也会是一种很奇特的游戏。这一点我们以后再说，那时我们要说在太空站里向外扔东西时会怎样。

钟表与日历

黑夜过后是白天，白天过后是黑夜，身在这个旋转的世界，我们时而面对阳光，时而走进阴影。但是，至少对那些远离赤道的人来说，最戏剧性的事情却是，夏季的白天长夜晚短，而冬季白天短夜晚长。

夜与昼的区别是很显著的——多数动物都要么白天活动，要么黑夜活动，而不会昼夜不停地活动。它们通常会在"休假"的时候睡觉。人和多数鸟都是在夜晚睡觉，而在白天忙活生计。刺猬、美洲豹和很多其他动物喜欢夜晚活动而白天睡觉。

同样，动物应对冬夏变化的方式也各不相同。很多哺乳动物会在冬天长出厚厚的皮毛，而在春天脱落。很多鸟（也有哺乳动物）会在整个冬天迁徙漫长的距离，飞向赤道，然后飞回高纬度地方（远南或远北）过夏天，那儿的白天长夜晚短，能为它们提供丰富的食物。一种叫北极燕鸥的海鸟辛勤到了极点，它们在北极度过北方的夏天，然后，当北方的秋天到来时，它们向南迁

徙——但它们不在热带停歇，而是直飞南极。有的书把南极形容为北极燕鸥的"越冬之地"，那当然没有意义：它们到达南极时，那儿是南方的夏天。北极燕鸥的超长迁徙迎来两个夏天，它没有"越冬之地"，因为它没有冬天。我想起一个朋友的笑话：他夏天住在英国，冬天就跑到热带非洲去"忍受严冬"！

有些动物以别的方式躲避冬天，那就是从头睡到尾，叫"冬眠"（hibernation，源自拉丁文 *hibernus*，意思是 "寒冷的"）。熊和松鼠都是喜欢冬眠的哺乳动物，还有很多其他动物也要冬眠。有些动物连续地睡过整个冬天，有些大多数时间睡觉，偶尔会起来懒洋洋活动一下，然后接着睡。冬眠时，它们的体温通常会急剧下降，身体内的一切都差不多停下来了：体内的"引擎"几乎就在"空转"。阿拉斯加有一种青蛙，甚至冰冻在冰块里，等春天来了才消融醒来。

还有些动物，如我们自己，既不冬眠，也不迁徙，必须学会适应季节变化来熬过寒冬。树叶春天发，秋天落（难怪美国人的"秋"与"落"是同一个字：fall），所以荫荫夏木会在冬天凋零。小羊羔生在春天，能在发育过程中享受温暖和嫩草。我们在冬天也许长不出长毛大衣，但我们要穿着它过冬。

所以，我们不能无视变化的季节，但我们真的懂得它们吗？很多人不懂。甚至有些人还不知道地球绕太阳一周需要一年——实际上，那才是年的本义！根据一个民意测验，百分之十九的英国人认为是一个月，欧洲其他国家的比例也差不多。

即使知道什么是"年"的人，也有很多认为地球在夏天离太阳近，在冬天离太阳远。那么，在澳大利亚火热的海滨沙滩上穿着比基尼做圣诞烧烤的小姐们，听了这话会作何感想呢？要知道，南半球的十二月正是仲夏时节，而六月才是寒冬，可见季节不可能是地球到太阳的距离变化引起的。一定有别的解释。

为了更深入的解释，我们需要先来看看是什么能使一个巨大的物体环绕另一个巨大的物体。下面就说明这一点。

进入轨道

行星为什么会在环绕太阳的轨道上？一个东西为什么会沿着轨道环绕另一个东西？

最早认识这一点的，是17世纪的牛顿，有史以来最伟大的科学家。牛顿证明所有轨道都由引力决定——也就是把苹果拉下地面的那种力，只是作用在更大的尺度上。（传说牛顿是因为苹果砸了脑袋才生出引力的想法，可惜那故事可能不是真的。）

牛顿想象在山顶上有一门大炮，炮口水平朝向大海（山在海边）。大炮打出的每一颗炮弹开始都像在水平运动，但同时也在向着海面下落。水平运动和下落运动的组合，在空中画出一条优美向下的曲线，最后在水面溅起浪花。重要的是要明白，炮弹从一开始（曲线的平直部分）就一直在下落。它并不像什么卡通人物，先水平运动一会儿，然后突然意识到应该下落了才改变主意开始向下！炮弹从离开炮口那一刻起就开始下落

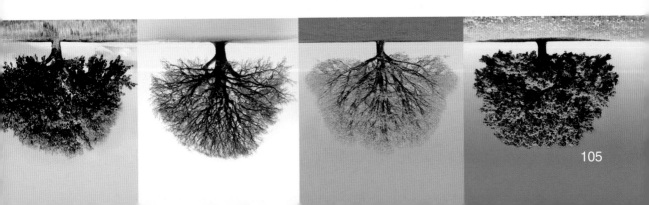

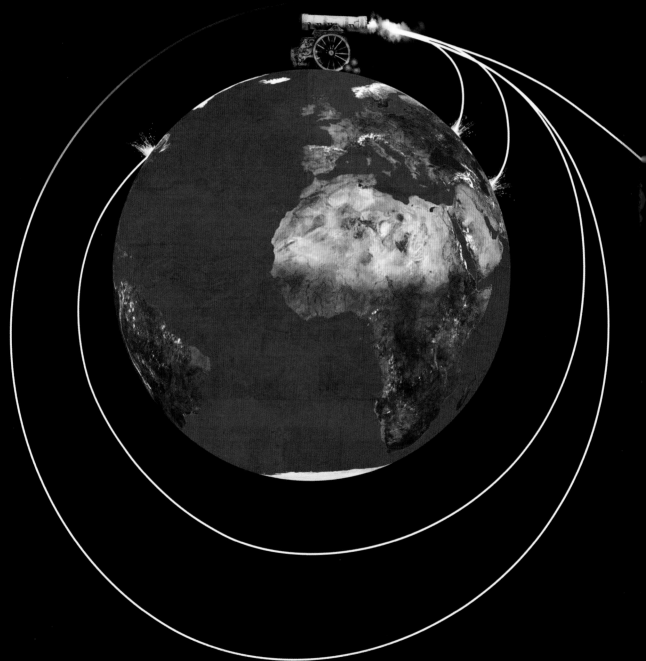

了，但你看不到下落的运动，因为它几乎是水平运动的，而且非常快。

现在让我们把炮做得更大更强，因而炮弹落进海水之前会飞得更远。这时，路径仍然是一条向下的曲线，但更平更缓。在相当长的一段距离内，飞行方向都几乎是水平的。不过，它在整个飞行中仍然一直是下落的。

让我们发挥想象，让炮再大再强一些，能让炮弹在落进大海之前远远地飞。这回地球的曲率显现出来了。炮弹还是"下落"，但因为地球表面是弯曲的，"水平"的意思也就有些"扭曲"了。和以前一样，炮弹仍然沿着一条优美的曲线飞，但它慢慢向海下落时，海面也弯曲而远离它（因为地球表面是弯曲的），于是它需要更长的时间才能落进海里。炮弹一直在下落，但在下落中环绕着地球。

你可以明白我们的论证路线了。现在想象炮弹的威力足够强大，能一直保持它环绕地球的路线回到它出发的地方。那么，它虽然一路都在"下落"，但下落的曲线恰好赶上地球表面的曲率，所以它刚好环绕地球，而不会偏离海面更远或更近。这样，炮弹就在轨道上了，如果没有空气阻力（实际是有的）减速，它会一直绕着地球

飞。它依然是一直往下落，但下落的优美曲线被拉长了，所以能一圈一圈地环绕整个地球。炮弹的行为犹如一个小月亮。其实，卫星真就是这样的——人造的"月亮"。它们都在"下落"，但不会真的落下来。为长途电话和电视信号的中转服务的卫星，都处于特定的轨道，叫地球同步轨道。这意味着卫星环绕地球的速度要灵活调节来恰好等于地球自转的速度。就是说，卫星每 24 小时环绕地球一周。想想看，这等于说卫星总是悬在地球表面的同一个位置的空中。正因为这样，你才能把天线对准一颗特定的卫星，接收它传来的电视信号。

当物体在轨道上时（如太空站），它是一直在"下落"的，太空站里的所有东西，不论是轻还是重，都以相同的步调下落。这会儿正好可以停下来解释质量和重量的区别，我在前一章答应过的。

太空站里的所有物体都没有重量，但它们并非没有质量。我们在前一章说过，它们的质量依赖于所含质子和中子的数量。重量则是作用于质量的引力。在地球上，我们用重量来度量质量是因为引力的作用基本是处处相同的。不过，更大质量的行星有着更强的引力，所以我们的重量依赖于我们所在的行星，而质量不管在哪儿都是一样的——即

使在太空站完全失重的状态下。你在太空站失重，是因为你和称重量的仪器都以相同的速度"下落"（即所谓的"自由下落"）；所以你的双脚不会对仪器产生压力，那么仪器也就记录你没有重量。

可是，尽管你失重了，你的质量还在。假如你从太空站的地板上奋力跳起来，你会撞到"天花板"（哪个是地板，哪个是天花板，在太空站里可不是显而易见的），不管天花板多高；而你撞了脑袋，也会像头着地一样受伤的。太空站里的其他东西也会保持各自的质量。如果你把一颗炮弹带进舱里，它会飘浮在空中，轻飘飘像一个同样大小的气球。但如果你想将它扔出去，你会发觉它并不像气球那么轻。扔出一颗炮弹可不容易，试试就知道，你自己会反弹回去。炮弹即使没有落向地板的特殊倾向，拿起来还是感觉很沉的。如果你扔出去，它碰到任何东西时，会表现得和任何有重的物体一样，所以别让它打中你的宇航员伙伴（不管是直接的还是从墙壁反弹回来的）。如果它与另一颗炮弹碰撞，它们会带着"沉重感"各自反弹回去，而不会像乒乓球——尽管乒乓球相撞也会反弹，但感觉很轻。我希望这个例子会让你体会重量与质量的区别。在太空站里，炮弹比气球的质量大得多，尽管它们的重量相同——都是零。

鸡蛋、椭圆与逃脱引力

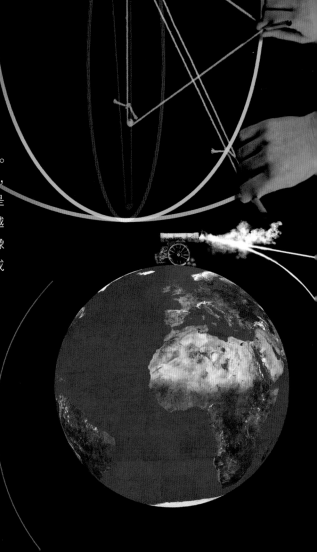

回头说山顶的大炮，让它威力更大一些。会发生什么呢？现在我们需要了解一下伟大的德国科学家开普勒（Johannes Kepler）的发现。开普勒生在牛顿之前，他证明，在空间里，一个物体环绕另一个物体的轨道的优美曲线并不真的是圆，而是自古希腊以来数学家就熟悉的"椭圆"。椭圆像鸡蛋（只是"像"而已：鸡蛋不是真正的椭圆）。圆是椭圆的特例——如果鸡蛋很"胖"，看起来就像乒乓球。

画椭圆有一个简单的办法，你也可以从它看出圆是椭圆的特例。拿一根线，把两头接起来做成一个圈，打的结尽可能小。然后，在纸板上钉一颗大头针，把线圈的一端套在大头针上，另一端套一支铅笔，将线圈拉直，铅笔绕着大头针画一圈，你当然就画出一个圆了。

接下来，再拿一颗大头针钉在纸板上，紧靠着先前那颗，这会儿你还是可以画出一个圆，因为两颗大头针靠得太近，几乎就等于一颗。不过，有趣的跟着就来了：把大头针分开几寸，还用绷直的线圈画，你画的就不是圆了，而是"鸡蛋形"的椭圆。大头针分得越开，椭圆就越扁。大头针靠得越近，椭圆就越"胖"——越像圆——当大头针重合成一个时，椭圆就变成圆——椭圆的特例。

说过椭圆，我们可以回头来说我们的超级大炮了。它先前已经向一个我们假定的近似圆轨道发射了一枚炮弹。如果它现在的威力更强，那么结果就是轨道会被"拉"得更长，变成不那么圆的椭圆。这叫"偏心"轨道。我们的炮弹会飞到远离地球的地方，然后掉头"落"回来。地球就处于一颗"大头针"的位置。另一颗大头针并不真的存在，但你可以想象在太空里有那么一颗虚拟的大头针。那颗"虚针"能帮助一些人理解数学家，但如果它令你糊涂了，就当我没说。重要的是认识到，地球并不处于"蛋"的中心。轨道在一边（"虚针"的那一边）拉得很远，而在另一边（地球所在的"大头针"一边）很近。

如果继续加强我们大炮的威力，那么炮弹将飞到很远很远的地方，勉强能被拉回来。这时椭圆会拉得长长的，最终会超过某一点，然后就不再是椭圆了：我们的炮弹越飞越快，额外的速度将它推过那"不归"的点，地球引力再也不能将它"唤回"。这时，炮弹达到了"逃逸速度"，将永远消失了（或者被其他天体的引力俘获，如太阳）。

我们越飞越远的炮弹呈现了轨道的形成和超越。起初，炮弹落进海里；然后，我们加速炮弹，飞行曲线会越来越水平，最后进入近圆的轨道（记住圆是椭圆的特例）。接下来，随着炮弹速度越来越快，轨道将越来越扁，成为越发典型的椭圆。最后，"椭圆"拉长到不再是椭圆：炮弹达到逃逸速度，永远消失了。

地球绕太阳的轨道严格说来也是椭圆，但非常接近正圆。其他行星轨道也是近圆的，除了冥王星（不过现在它已经不算行星了）。另一方面，彗星的轨道却像又长又扁的鸡蛋。如果你想画出来，就要把两颗"大头针"分开很远。

彗星的一颗"大头针"是太阳。同样，另一颗"针"不是真的，你只能想象。当彗星在距离太阳最远的一点（叫"远日点"）时，它的运动速度最慢。它一直在自由下落，但有时不会朝着太阳落，而会偏离它。它在远日点掉头，然后朝着太阳的方向落，越落越快，绕过太阳（另一颗"针"），在最接近太阳的一点（"近日点"）达到最快速度。（Perihelion 和 aphelion 都源自希腊太阳神的名字 Helios；在希腊语中，peri 是"近"，apo 是"远"。）彗星飞快掠近日点，绕过太阳，在太阳的另一边飞快离开。然后，彗星离太阳越来越远，速度也越来越慢，直到远日点，在那儿最慢。它就这样一圈一圈地飞来飞去。

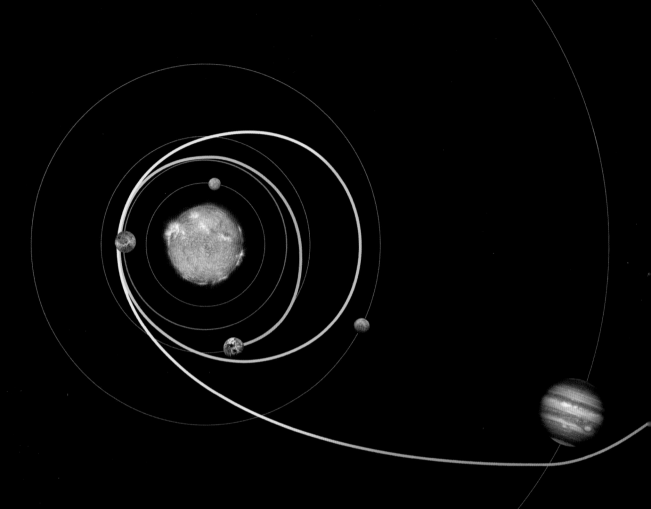

航天工程师用一种"弹射"效应来提高
火箭燃料的效率。卡西尼（Cassini）空间探
测器是为了访问遥远的土星而设计的，它的
路线看起来绕来绕去，其实正巧妙发挥了弹
射效应。它飞行那么曲折的距离，其实比直
接飞去所需的燃料少得多。它一路借助了三
颗行星的引力和运动——先是两度借了金星
的力，接着掉头来环绕地球，然后又借了木
星的力劲。每一次借力，它都像彗星一样落
向那颗行星，借那行星环绕太阳的引力而获
取速度。这四次弹射加速将推向了带着光环
和 62 颗卫星的土星系统，从那儿源源不断
向我们发回令人震撼的图片。

我说过，多数行星环绕太阳的轨道都是
近圆的椭圆。冥王星反常，它失去行星的名
号不仅是因为它太小，也因为它有显著的扁
轨道。它多数时候都处在海王星轨道的外
面，但在近日点，它会突然冲进来，比近圆
轨道的海王星离太阳还近。然后，即使冥王
星那么扁的轨道，也一点儿不像彗星轨道。
最有名的哈雷彗星，只有在近日点附近反射
太阳光的时候，外面才能看见。它的椭圆轨
道会将它引向遥远的地方，要等 75 或 76 年
才能回到我们的旁边。我在 1986 年见过它，
还把它指给我的小女儿朱丽叶。我对着她的
耳朵说（她当然听不懂我说的，但我还是忍

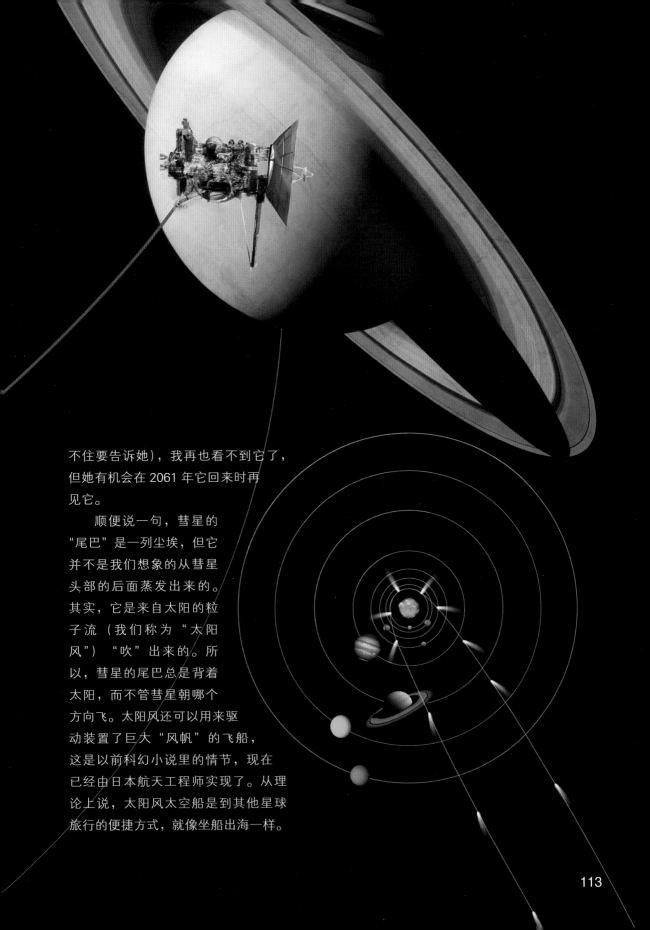

不住要告诉她），我再也看不到它了，但她有机会在 2061 年它回来时再见它。

　　顺便说一句，彗星的"尾巴"是一列尘埃，但它并不是我们想象的从彗星头部的后面蒸发出来的。其实，它是来自太阳的粒子流（我们称为"太阳风"）"吹"出来的。所以，彗星的尾巴总是背着太阳，而不管彗星朝哪个方向飞。太阳风还可以用来驱动装置了巨大"风帆"的飞船，这是以前科幻小说里的情节，现在已经由日本航天工程师实现了。从理论上说，太阳风太空船是到其他星球旅行的便捷方式，就像坐船出海一样。

侧看夏天

明白了轨道是怎么回事，现在可以回头来说我们为什么会有冬天和夏天了。你大概还记得，有人错误地认为夏天是因为我们距离太阳近而冬天是距离太阳远。假如地球轨道和冥王星的一样，也许可以那样解释。其实，冥王星的冬天和夏天（都比我们经历的任何地方冷）真就是那个原因引起的。

然而，地球轨道几乎是正圆，所以它到太阳的距离远近不会引起季节变化。话又说回来其实地球是在一月离太阳最近（近日点），而在六月离太阳最远（远日点），但因为椭圆轨道几乎是圆的，这个远近不会产生显著差别。

那么，冬夏的差别是怎么来的呢？事情完全不同。地球绕自己的轴自转，但轴线是倾斜的。地轴的倾斜是季节更替的真正原因。我们来看是怎么回事。

我前面说过，我们可以把地轴想象成穿过地球南北极的一根轮轴。现在，想象地球环绕太阳的轨道是一个更大的车轮，它自己的轴是穿过太阳的"北极"和"南极"。两个轴本来可以是完全平行的，那样地球就没有"倾斜"——在这种情形，中午的太阳就总是在赤道的上空，所有地方的昼夜都一样长，也不会有季节。赤道将永远是酷热的，如果你从赤道向两级走，走得越远，天气就越冷。离开赤道就会凉快，而不必等到冬天，其实也没有冬天，没有夏天。没有任何季节的区别。

然而，事实是两个轴不是平行的。地球的轴相对于它环绕太阳的轨道的轴是倾斜

的。倾斜不是很大——大约 23.5 度。假如倾斜 90 度（天王星大概就那么倾斜），北极就会在一定时间直指太阳（我们可以说那是北极的仲夏），而在"北极的仲冬"背对太阳。如果地球像天王星，仲夏时节的太阳就会一直高悬在北极上空（那儿没有夜晚），而南极将终日处于冰冷的黑夜，根本没有白天。6 个月之后，南北情形正好颠倒过来。

因为我们的行星只有 23.5 度的倾斜，从无倾斜无季节的极端情形到天王星的几乎完全倾斜的极端情形，我们大约处于四分之一的地方。这就意味着，像天王星一样，仲夏时节的太阳在北极永不落下，那儿是永远的白昼。但与天王星不同的是，太阳并不在天空的正上方。当地球自转时，太阳会在天空转圈，但不会落到地平线以下。整个北极

圈内都是如此。如果仲夏的一天，你恰好站在北极圈上（例如在冰岛的西北角），你会看到午夜的太阳沿着南方的地平线飞过，但不会落下去；而在正午，它又飞回最高的一点（不是太高）。

在靠近北极圈外的苏格兰北部，仲夏的太阳会落到地平线下，产生黑夜——但并不太黑，因为太阳离地平线不会太远。

所以，地轴的倾斜解释了我们为什么会有冬天（当我们所在的地方背离太阳时）和夏天（当我们倾向太阳时），为什么冬天昼短夜长而夏天昼长夜短。但它能解释为什么冬天那么冷而夏天那么热吗？为什么太阳当空比它低垂在地平线时感觉更热？既然是同一个太阳，不那么不论它在什么角度，都应该一样冷热呀？

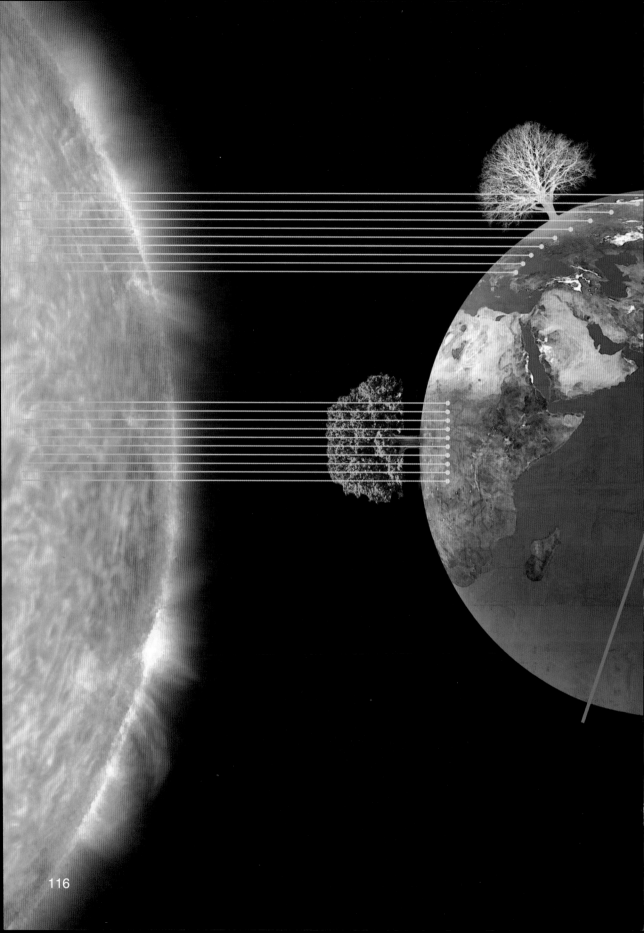

我们倾向太阳时，确实离它更近，但这一点无关紧要，那个差别（几千千米）与我们到太阳的距离（大约 1.5 亿千米）相比是微不足道的，与我们在近日点和远日点的距离差（约 500 万千米）相比，也是可以忽略的。真正重要的是太阳光照射我们的角度和冬夏昼夜的长短差别。正因为照射的角度，我们才感觉中午的太阳比下午的太阳热，我们才更需要在中午涂抹防晒霜。夏天日头高，日照长，所以比冬天更宜于万物生长。

那么，角度为什么会产生那么大的差别呢？我们来解释一下。

假设在仲夏的某一天的中午你做日光浴，太阳高高悬在你的头顶。你背上每个平方寸都受到光子的打击，光子数可以用照度计来测量。如果你在冬天的中午也做日光浴，太阳在空中会相对低一些（因为地球的倾斜），阳光"浅浅地"斜照大地，洒落在你背上的光子会"分散"在更大的面积上。这意味着每个平方寸的皮肤享受的光子不如夏天那么多。你的皮肤如此，植物的叶片也是如此，而植物正是靠阳光来制造养分的。

夜与昼，冬与夏，它们有节律的更替，决定着我们和其他一切生物的生活——也许生活在黑暗幽冷的海底生物例外。月亮的环行也有节律，它主要通过潮汐发生影响，对我们不那么重要，对其他生物却很关键，如生活在海滨的生物。月亮的盈亏是古老神话的主题——例如狼人和吸血鬼等令人不安的故事。不过，我现在要跳过这个话题，说说我们的太阳。

6 WHAT IS THE SUN?

太阳是什么?

太阳光焰夺目,在寒冬温暖多情,在夏日酷热如火,难怪有那么多人将它当神一样供奉。太阳崇拜通常与月亮崇拜相伴随,而且太阳与月亮有着不同的性别。尼日利亚和其他西非地区的提夫人相信(Tiv)太阳是他们的神阿旺多(Awon-do)的儿子,而月亮是阿旺多的女儿。西南非洲的巴罗策人则认为太阳是月亮的丈夫,而不是哥哥。不同的神话都通常认为太阳是男的,月亮是女的,但也有相反的例子。在日本神道教里,太阳是女性天照大神(Amaterasu),月亮是她的兄弟月读尊(Ogetsuno)。

在 16 世纪西班牙人到达南美洲和中美洲之前，那儿滋生的伟大文明都崇拜太阳。安第斯的印加人相信太阳和月亮是他们的祖先。墨西哥的阿兹特克人与域内的其他更老的文明（如玛雅文明）有着很多共同的神祇。那些神有几个与太阳有关，有时就是太阳。阿兹特克人的"五个太阳的神话"说，在当今世界之前有四个世界，每一个都有各自的太阳。原先的四个世界，在诸神策划的灾难中被一个个毁灭了。第一个太阳是名叫黑特兹卡特利波卡（Tezcatlipoca）的神，他和兄弟羽蛇神（Quetzalcoatl）战斗，被大棒打落下天空。经过一段没有太阳的日子后，羽蛇神成了第二个太阳。波卡恼羞成怒，把所有的人都变成了猴子，接着羽蛇就把猴子吹散，也不再做第二个太阳。

然后，雨神特拉洛克（Tlaloc）成了第三个太阳。可他恨波卡偷了他老婆，不许下一滴雨水，弄得天下大旱。百姓连年拜神祈雨，雨神听烦了，派下一场大火。大火把世界烧成了灰烬，于是诸神只好一切从头开始。

第四个太阳是雨神的新夫人河神查尔丘特里魁（Chalchiuhtlicue），她本来挺好的，可被波卡闹得心烦，不停地哭了52年。泪水淹没了世界，诸神只好又重新开始。神话那么计较细节，是不是有点儿奇怪？阿兹特克人凭什么说她哭了52年，而不是51年或53年呢？

第五个太阳，在阿兹特克人看来，就是我们天上的那个太阳神托纳帝乌（Tonatiuh），

有时也叫维齐洛波奇特利（Huitzilopochtli）。他母亲蛇裙（Coatlicue）因为一束羽毛而偶然受孕，生下了他。这听起来很奇怪，但在传统神话里却是司空见惯的（还有个阿兹特克女神是因为一只葫芦受孕的）。蛇裙的400个儿子看见母亲又怀孕了，恨不得把她头砍下来。然而，就在那时，她生下了特利。他生来就全副武装，一口气就几乎杀死了他那400个哥哥，只有几个跑到了"南方"。接着，特利就担起了第五个太阳的责任。

阿兹特克人相信，他们只有以人为牺牲才能满足太阳神，否则他就不会每天早晨从东方升起。显然，他们根本没想过去试试，如果不做牺牲，看太阳是不是可能依然会升起来。牺牲他们自己的人是很残酷的。到阿兹特克人黄金时代结束的时候，西班牙人来了（也刻下了他们自己的恐怖烙印），太阳礼拜仪式达到了血淋淋的巅峰。据估计，仅在 1487 年，就有大约 20 000 到 80 000 人献给了特诺奇蒂特兰城（Tenochititlan）太阳神庙。什么礼物都可以献给太阳神，但他真正喜欢的是人血和跳动的人心。那会儿，战争的主要目的之一就是俘获大量战俘，剖开他们的心来做牺牲。仪式通常在高地举行（那儿离太阳更近），例如在阿兹特克人和玛雅人都引以为豪的大金字塔顶。四个祭司将牺牲的人绑在祭坛上，另外一个祭司手持快刀，他要飞快地把心脏取出来，保证献给太阳的时候它还在跳。这时，那失去心脏的滴血的躯体就顺着金字塔的斜坡滚到塔底，那儿有老人等着捡，然后肢解来大家一起吃。

我们也从金字塔联想到另一个古代文明，古埃及的文明。古埃及人也是太阳崇拜者，他们最伟大的神祇之一就是太阳神阿拉（Ra）。

在埃及人的传说中，天空的弯曲是因为女神奴特（Nut）在地球上弓起身子。她每夜吞下太阳，然后第二天早晨把他吐出来。

在不同民族（包括古希
腊人和古斯堪的纳维亚人）的传说
里，太阳是在天空飞行的战车。古希腊太阳
神叫赫利俄斯，我们在第5章见过，这个名字也成为与
太阳有关的各种科学名词的来源。

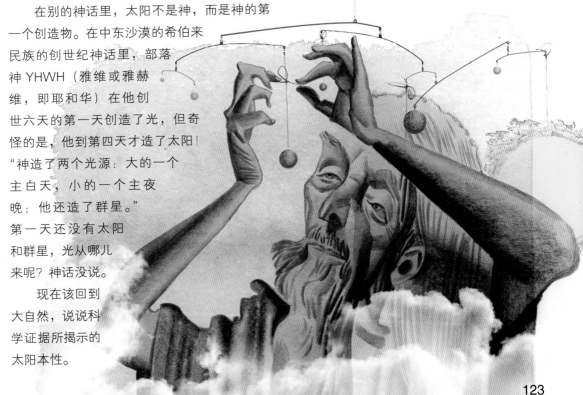

在别的神话里，太阳不是神，而是神的第
一个创造物。在中东沙漠的希伯来
民族的创世纪神话里，部落
神 YHWH（雅维或雅赫
维，即耶和华）在他创
世六天的第一天创造了光，但奇
怪的是，他到第四天才造了太阳！
"神造了两个光源：大的一个
主白天，小的一个主夜
晚；他还造了群星。"
第一天还没有太阳
和群星，光从哪儿
来呢？神话没说。
　　现在该回到
大自然，说说科
学证据所揭示的
太阳本性。

What is the sun, really?

太阳实际上是什么?

太阳是恒星。它与众多其他恒星没什么不同,只是我们碰巧离它很近,所以它看起来比其他恒星又大又亮。同理,我们感觉太阳比其他恒星热,如果直视,它会伤害我们的眼睛;如果在外面晒得太久,它会灼烧我们的皮肤。与其他恒星相比,它离我们不是近一点,而是近很多。很难把握恒星有多大,空间有多广阔——不是一般的难,而是几乎不可能。

卡西迪 (John Cassidy) 写过一本可爱的书,叫《寻找地球》,试着用比例模型来把握空间大小。

1. 带一只足球走进原野，放下它，代表太阳。

2. 走出 25 米，放一粒胡椒籽，代表地球和地球到太阳的距离。

3. 按照同样的比例，月亮就该是一颗针头，距离胡椒籽 5 厘米。

4. 可是，在相同比例下，最近的一颗恒星（比邻星，比足球小点儿），应该在……在

……6 500 千米之外！

比邻星也许没有行星，但一定有环绕其他（可能是大多数）恒星的行星。每颗恒星与它的行星间的距离通常都小于恒星之间的距离。

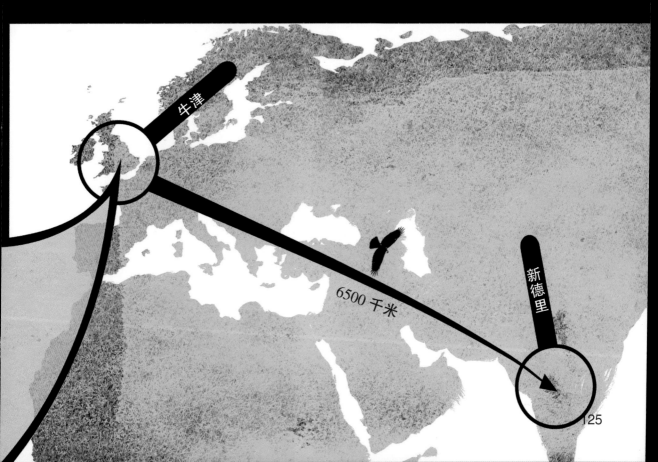

牛津

6500 千米

新德里

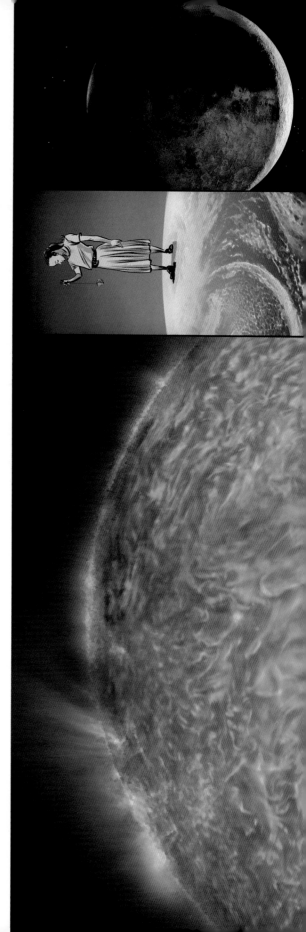

恒星的运行

恒星（如太阳）与行星（如火星和木星）的差别在于恒星炽热而明亮，我们是通过它们自己的光看见它们的；相对说来，行星比较阴冷，我们只有通过它们对所环绕的邻近恒星的反光才能看见它们。反过来看，这点差别源自尺度的悬殊。原因如下。

物体越大，向心的引力越强。万物都受引力作用，即使你我也在相互吸引对方。但两个物体间的引力太微弱，只有当至少有一个物体是巨大时，才可能有感觉。地球很大，所以我们能感到强大的拉向它的力；当我们放开一个东西时，它会"向下"落——也就是向着地球的中心落。

恒星比地球那样的行星大得多，所以引力也更强。巨大恒星的中央处于强大压力之下，因为巨大的引力将恒星的所有物质都拉向中心。恒星内部压力越大，它就越炽热。当温度真的很高——高出你我的想象——恒星就会像一颗缓慢反应的氢弹，释放出巨量的光热，在我们看来它就在夜空闪耀。强大的热量使恒星开始像气球一样膨胀，但同时引力却要把它拉回去。向外的热压力与向内的引力之间存在一个平衡状态，恒星犹如一个自动的温度调节器。热的时候它向外膨胀；可当它胀大时，中心的物质密度会变小，从而冷却下来。这时它就开始收缩，而收缩又将它加热，如此反复。我以前说过恒星的反弹犹如心脏的脉动，但不是那样的。事实上，它会落在某个中间尺度，刚好能维持在恰当的温度，并一直处于那个状态。

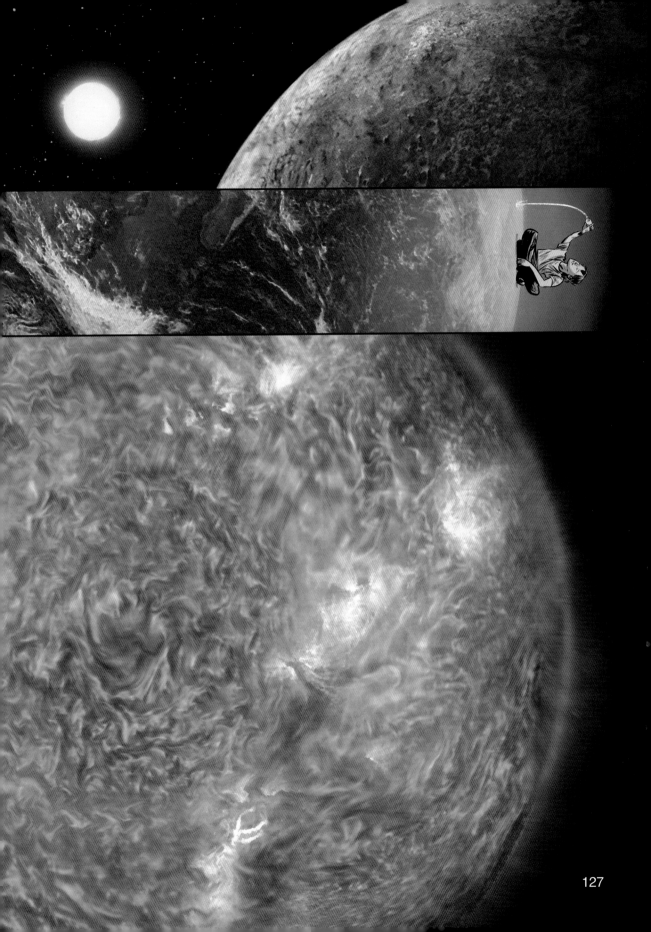

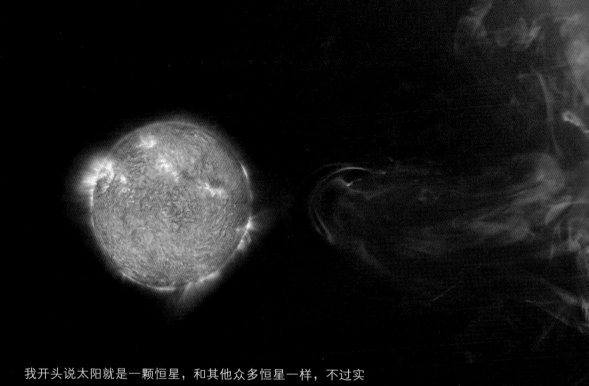

　　我开头说太阳就是一颗恒星，和其他众多恒星一样，不过实际上存在很多不同类型的恒星，有着悬殊的大小。我们的太阳（上图）在恒星里不算太大。它比比邻星略大，但比其他很多恒星小得多。

　　我们所知的最大恒星是什么？那要看你如何度量。如果从一边穿越到另一边（直径），最大的恒星是大犬座 VY，大约是太阳的 2 000 倍。而太阳直径是地球直径的 100 倍。然而，VY 轻飘飘的，尽管那么大，质量只是太阳的 30 倍——如果它和太阳一样密实，质量该是几十亿倍。其他恒星，如手枪星和最近发现的船底座 η 和 R136a1（这名字不好记！），质量是太阳的 100 倍或更多。太阳质量是地球的 300 000 倍，因而船底座 η 的质量是地球的 3000 万倍。

　　如果像 R136a1 那样的巨星有行星，则它们的距离一定十分遥远，否则立刻就会燃烧而蒸发。它的引力很强（因为质量大），所以行星可以跑得很远，但仍然在环绕它的轨道上。假如有那样的行星，而且有人生活在那儿，那么他们看 R136a1 可能就跟我们看太阳一样大，因为尽管它大很多，但它也远得多——远在某个恰当的距离，具有某个恰当的大小，刚好满足生命的存在，否则那儿就没有生命了！

恒星的一生

然而，不大可能有行星环绕 R136a1，更不会有生命。原因是那种极端巨大的恒星寿命很短。R136a1 大约才 100 万年，不足太阳年龄的千分之一，没有足够的时间演化生命。

太阳是较小的"主序星"：这种类型的恒星有几十亿年（而不是几百万年）的生命历程，会经历一系列的演化阶段，像人的成长一样，从小孩长成青年、中年，一点点衰老，直至死亡。主序星主要由氢（最轻的元素，见第 4 章）组成，它的内部犹如一颗"缓慢反应的氢弹"，将氢转化为氦（第二轻的元素，其名称源自古希腊太阳神 Helios），释放出大量热能、光能和其他类型的辐射。还记得吗，我说过，恒星的大小取决于向外的热压力与向内的引力之间的平衡。那个平衡的状态几乎一直保持不变，因而恒星能慢慢地沸腾几十亿年，直到燃料耗尽。然后，恒星通常会在无节制的引力作用下坍缩——整个"地狱"就瓦解了（谁还能想象比恒星内部更像地狱的地方呢）。

恒星的生命历程太过漫长，天文学家们只能看见它短暂的片段。幸运的是，他们可以用望远镜扫描星空，找到一系列处于不同演化阶段的恒星：正在气体和尘埃云里孕育的"婴儿"恒星，像我们太阳40多亿年前的模样；和太阳一样的众多的"中年"恒星；一些衰老垂死的恒星，从它我们能看到太阳在几十亿年后的命运。天文学家已经建好了一座恒星的"动物园"，里面生活着众多不同大小不同生命阶段的恒星。园中的每个成员都是另一个的过去或未来。

和太阳一样的普通恒星最终会耗尽氢燃料，然后（像我以前说的）开始"燃烧"氦（我加引号是因为它并不真的"燃烧"，却更为火热）。在这个阶段，它叫"红巨星"。太阳大约在50亿年后变成红巨星，这意味着今天的它正处于生命历程的中途。而我们可怜的小行星早在太阳变红之前，就会变得太热而不可能再有生命了。20亿年后，太阳会比今天亮百分之十五，那时地球会变得像今天的金星。金星没有生命，那儿的温度高于400摄氏度。但20亿年是一个漫长的时期，那时人类几乎肯定灭绝了，所以没人会受煎熬。不过，也许我们将有发达的技术，能将地球转移到更宜居的轨道。在氦耗尽以后，太阳将消失在尘埃和碎屑的云中，留下一个小小的叫白矮星的核，暗淡而冰冷。

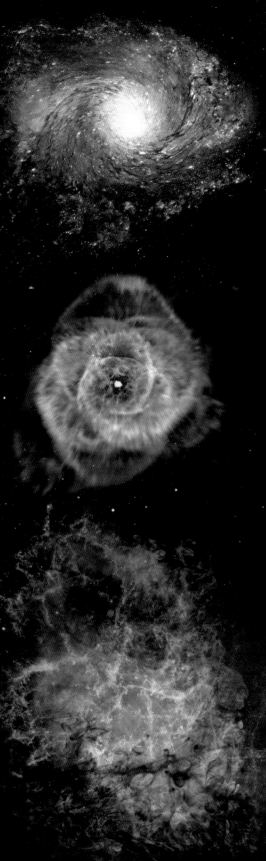

超新星与星尘

　　比太阳更大更热的恒星（如我们刚才谈的巨星）有着不同的生命故事。这些庞然大物会更快地"燃烧"它们的氢，它们的"氢弹"核熔炉并不仅仅是将氢核融成氦核。那个更大恒星的更热的熔炉会继续将氦核融成更重的元素，直至生成一系列更重的原子。这些重元素包括碳、氧、氮和铁（这时还没生成比铁更重的元素）：它们是地球富有的元素，也是我们体内的元素。在一个相对短的时期内，一颗这样的巨星就将在巨大的爆炸中毁灭自己，那叫超新星，就在那些爆炸中生成了比铁更重的元素。

　　如果船底座 η 明天像超新星那样爆炸呢？那将是"爆炸之母"了。不过别担心，我们要在 8 000 年之后才会知道，因为光需要那么长的时间才能飞过船底座 η 与我们之间的漫长距离（没有比光更快的东西了）。那么，假如船底座 η 在 8 000 年前就爆炸了呢？那样的话，从它发出的光和其他辐射就应该可以达到我们这儿了。我们看见它们时，就知道船底座 η 在 8000 年前爆炸了。在历史记录中，我们看到的超新星只有大约 20 颗。德国大科学家开普勒（Johannes Kepler）1604 年 10 月 9 日见过一颗，本页底部的图就是我们今天看到的爆炸残骸：自开普勒看见它以来，碎屑已经散开了。爆炸本身发生在大约 20 000 年前，大约正是尼安德特人灭绝的时候。

　　超新星不同于普通恒星，它能生成比铁还重的元素，如铅和铀。超新星的剧烈爆炸将生成的元素散布到遥远广袤的天空，其中也包括生命需要的元素。最后，富含重元素的尘埃云开始新的历程，浓缩成新的恒星和行星。我们行星的物质就是那么来的，也是那个原因，我们的行星才有生成我们生命的元素：碳、氮、氧，等等，都来自遥远过去曾照亮宇宙的超新星留下的残骸。"我们是星尘"，这句如诗的话就是那么来的，而且恰如其分。没有偶然（但非常稀有）的超新星爆炸，就不会有生命必需的元素。

一圈又一圈

我们不能忘记一个事实：地球和太阳的其他行星是在同一个"平面"上环绕太阳。什么意思呢？理论上说，你可以想象各行星的轨道间有任意倾角，事实却不是那样。似乎空中有一个看不见的平直圆盘，太阳居于中心，行星分布在圆盘上，到中心有不同的距离。不仅如此，行星还沿着相同的方向环绕太阳。

为什么呢？也许与开始有关。我们先来看星云旋转的方向。整个太阳系（包括太阳和行星）始于缓慢旋转的气体和尘埃云（可能是超新星爆炸留下的）。那一片云与宇宙间几乎所有的自由漂浮物体一样，都绕着它自己的轴旋转。你可能猜到了：它旋转的方向就是行星现在环绕太阳的方向。

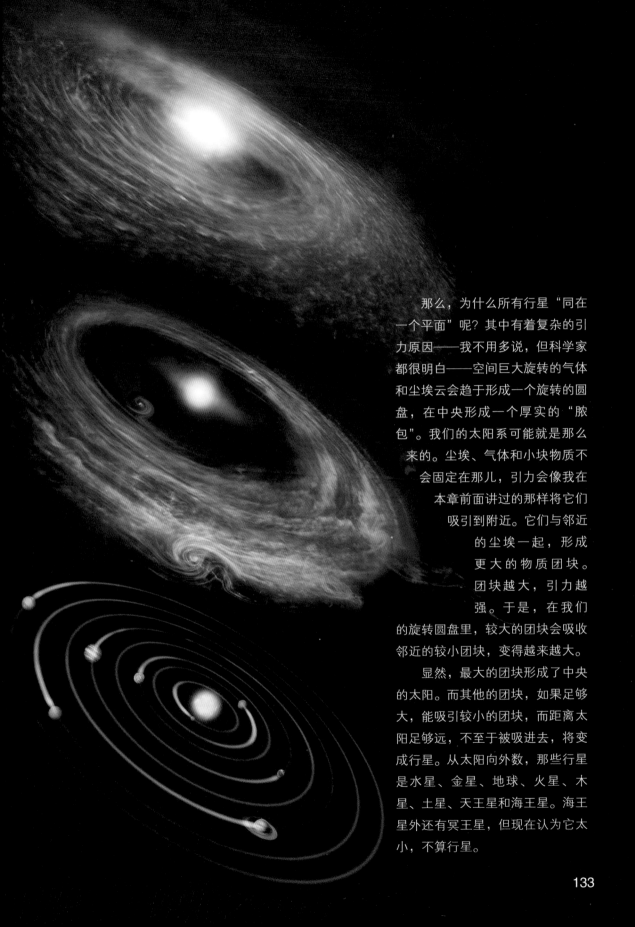

那么，为什么所有行星"同在一个平面"呢？其中有着复杂的引力原因——我不用多说，但科学家都很明白——空间巨大旋转的气体和尘埃云会趋于形成一个旋转的圆盘，在中央形成一个厚实的"脓包"。我们的太阳系可能就是那么来的。尘埃、气体和小块物质不会固定在那儿，引力会像我在本章前面讲过的那样将它们吸引到附近。它们与邻近的尘埃一起，形成更大的物质团块。团块越大，引力越强。于是，在我们的旋转圆盘里，较大的团块会吸收邻近的较小团块，变得越来越大。

显然，最大的团块形成了中央的太阳。而其他的团块，如果足够大，能吸引较小的团块，而距离太阳足够远，不至于被吸进去，将变成行星。从太阳向外数，那些行星是水星、金星、地球、火星、木星、土星、天王星和海王星。海王星外还有冥王星，但现在认为它太小，不算行星。

小行星和流星

在不同的环境下，在火星和木星轨道之间会形成另一颗行星。但那些原应聚集成星的小碎屑却没能成功，也许是因为被木星越来越大的引力破坏了，所以它们至今还是轨道上的碎屑，叫小行星带。这些小行星蜂拥在火星和木星的轨道之间，形成一个环。假如它们能成功聚集起来，那将是另一颗行星。著名的土星环也是同样的原因。它们本可能聚集成土星的卫星（土星已经有 62 颗卫星，所以它们该形成第 63 颗），但依然是分离的岩石和碎屑环。在小行星带——犹如太阳的"土星环"——里，有些碎块很大，可以称作"行星子"（还不够做行星）。其中最大的一个叫"谷神"，直径约 1 000 千米，几乎就是一颗球形的行星。但其他大多数都只是未成形的岩屑和尘埃。它们像台球一样不断地发生碰撞，有的偶尔会被撞出小行星带，跑到其他行星（如地球）上去。

我们经常看到那些跑出来的碎屑，它们在大气层上空燃烧，那就是"流星"。

　　流星偶尔也可能成功穿过大气，撞到地球。1992年10月9日，一颗流星在大气中破裂，砖块大的碎片击中了纽约州匹克斯吉尔的一辆小汽车。1908年6月30日，像一间屋子那么大的陨石落在西伯利亚爆炸，燃烧了大片森林。

　　科学家现在有证据证明，6500万年前，有一个更大的陨石曾砸在尤卡坦（现在墨西哥），引发了全球性的灾难，也许恐龙就是这样灭绝的。据计算，那次大碰撞释放的能量，可能比全世界所有核武器在那儿同时爆炸的能量还大几百倍。它还引发了大地震、大海啸和遍及全球的森林大火，浓浓的烟尘笼罩着地球，多年不散。

　　于是，植物死了，因为没有了阳光雨露；动物也死了，因为失去了植物的滋养。奇怪的不是恐龙死了，而是我们的哺乳动物祖先竟然活下来了。也许有一小群在地下冬眠，躲过了一劫。

在地球上，植物吸收阳光，制造其他生命需要的能量。可以说植物是"饮食"阳光的。它们也需要其他东西，如空气里的二氧化碳、土地里的水和矿物。但它们的能量来自阳光，用阳光制造糖，然后以糖为燃料去做它们需要做的事情。

造糖离不开能量；如果造出糖了，你就可以"燃烧"它，重新获取能量——当然不可能把所有能量都要回来，总有一些能量在过程中损失了。我们说"燃烧"，并不是说要起火冒烟。"燃烧"的本意只是释放燃料能量的一种方式。还有更多可控的方式，让能量缓慢而有效地细水长流。

你可以想象一片绿叶是一个工厂，它的屋顶平台就是一个巨大的太阳能电池，汲取阳光来驱动屋顶下流水线的车轮。所以叶片都是又薄又平的——让阳光洒落在更大的面积上。工厂的最终产物是各种糖，它们通过叶脉输送到植物的其他地方，去制造其他东西，如淀粉——它比糖更容易储藏能量。最后，能量从淀粉或糖释放出来，生成植物的其他部位。

当草食动物（即"吃植物"的动物，如羚羊、兔子）吃下树叶的时候，能量也

生命之光

本章最后，我想谈谈太阳对生命的意义。我们不知道宇宙其他地方是不是有生命（我将在最后一章讨论这个问题），但我们知道，哪儿有生命，那儿就几乎肯定邻近一颗恒星。我们也可以说，如果是和我们一样的生命，那么他们所在的行星到恒星的"感官距离"很可能和我们到太阳的一样。"感官距离"的意思是生命自我感觉的距离。绝对距离可以很大，如我们说过的超巨星R136a1的情形。但如果感官距离相同，他们的太阳看起来也该和我们的太阳一样大，这意味着从它获取的光热总量大致是一样的。

为什么生命必须邻近恒星呢？因为所有生命都需要能量，而显然的能源就是星光。

传到了它们身上——当然，也有一些损失。动物靠它来长身体，增强肌肉干活儿的力量。它们的活儿，当然就是吃草、吃树叶。当它们行走、咀嚼、搏斗和交配时，为肌肉加油的能量最终都是通过植物取自太阳。

另一种动物——专门吃肉的"肉食动物"——也来了，它们吃食草动物。能量又转移了（也有一定的损失），为动物活动增强肌肉。对肉食动物来说，主活儿就是猎获更多的草食动物，当然它们还有其他事情要做，如爬树、搏斗和交配；哺乳动物还要为宝宝生产乳汁。它们的能量最终还是来自太阳，尽管经过了几道转移。在那条曲折的能量转移路线中，每一步都有一定的能量损失——以热量的形式，它们对身体没有贡献，而是加热宇宙了。

还有别的动物——寄生虫——生活在草食动物和肉食动物的身体上。它们的能量最终也来自太阳，当然不是所有的能量都有用，也有部分浪费的热量。

最后，生物死后，不管是植物还是动物（草食的、肉食的、寄生的），可能成为食腐动物（如埋葬虫）的午餐，也可能腐烂——被细菌和真菌吞噬。这时候，太阳的能量仍然在转移，也仍然有一部分热量漏出来了。（难怪粪堆总是热的。）粪堆的热量归根结底也来自太阳，是绿叶的太阳能电池在年前从太阳那儿汲取的。澳大利亚有一种神奇的鸟，叫冢雉，就借粪堆的热量来孵卵。冢雉不学别的鸟，坐在蛋上靠自己的体温来孵化，而是垒一个大粪堆，然后把蛋下在粪堆里。它通过垒粪来调节温度，多垒一些，温度就高一点；搬掉一些，温度就低一点。不过，终归说来，所有的鸟都是靠太阳能来孵卵的，不论用体温还是借粪堆的热量。

有时，植物没有被吃掉，而是沉入了泥炭沼泽。经过若干世纪之后，它们被挤压成不同年代的泥炭层。西爱尔兰和苏格兰的人将泥炭挖掘出来，切成砖块，冬天时用作燃料取暖。在这儿，不论是戈尔韦还是赫布里底群岛，那温暖炉火散发的热量也来自阳光——几百年前的树叶汲取的阳光。

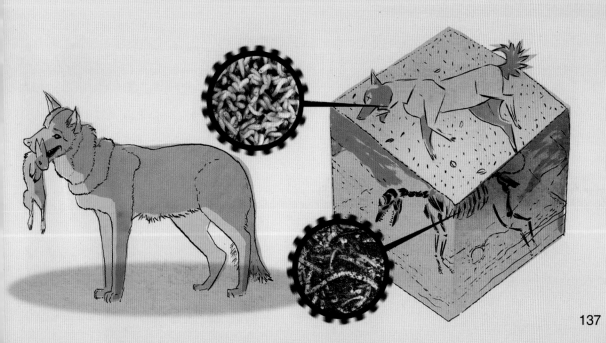

如果条件合适，经过数百万年的挤压和转变，泥炭最终能形成煤。相同重量下，煤的燃烧效率远远高于泥炭，而且它燃烧的温度也高得多。正是煤的燃烧驱动了18世纪和19世纪的产业革命。

炼钢厂高炉的热流，燃烧室的火光，驱动着维多利亚时代的蒸汽机在铁路上轰响、轮船在大洋里徜徉，它们的热都源自太阳——通过3亿年前的绿叶汲取的阳光。

产业革命中的一些"黑暗的撒旦磨坊"是用蒸汽驱动的，但很多早期的纺织厂是用水轮。磨坊建在水流湍急的河边，将水引上车轮，轮子驱动和厂房一样长的巨大轮轴，轮轴上的皮带和齿轮则驱动各式各样的纺织机器。最终驱动那些机器的，还是太阳。怎么回事呢？

水轮被水驱动，而水因重力从山上流下，但那全靠山上有源源不断的流水补给。水的补给是通过下雨，雨从云中落到山陵，而云从地面的江河湖海和池塘的蒸发得到水。蒸发需要能量，那个能量就来自太阳。所以，驱动纺织机水轮的能量最终来自太阳。

后来的纺织厂用烧煤的蒸汽机驱动，最终还是用的太阳能。但在接通蒸汽机之前，工厂还经历过一个中间阶段。它们用水轮驱动织布机和梭子，而驱动水轮的水则是用蒸汽机抽进水池的，这样流出的水还可以再抽回来。所以，不论是太阳将水蒸发到云里，还是蒸汽机将水抽进水池，能源最初都是从太阳来的，区别仅在于驱动蒸汽机的是植物在几百万年前储藏在地下煤层的阳光，而驱动水轮的是几个星期前储藏在山顶的水中的

假如我们当真点火去烧我们的糖和其他食物，那就没用了！燃烧是对太阳的储藏能量的浪费和破坏。我们的细胞活动缓慢而规则，就像从山上滴落的水驱动着一连串的水轮。太阳能促成绿叶发生化学反应生成糖，就相当于把水抽上山。动植物细胞的化学反应（如活动肌肉）以精心控制的步骤一点点获取能量。高能的燃料（糖或别的什么东西）通过系列化学反应，一步一步地将能量释放出来，就像河流跳过一道道小坎，推动一个个水车。

不论细节如何，生命的水车、齿轮和轮轴，最终都是太阳驱动的。假如古人认识到生命是那么离不开太阳，他们的太阳崇拜一定会更加虔诚。我现在好奇的是，还有多少恒星在驱动它们自己轨道的行星上的生命的引擎。不过，那要等到最后一章了。

阳光。这种"储藏的阳光"叫势能，因为水从山上流下时有做功的潜能。

通过这种方式，我们可以很好理解太阳是如何为生命提供动力的。植物用阳光造糖，就像把水抽上山坡或抽入工厂平台的水池。植物（或吃植物的草食动物、吃草食动物的肉食动物）利用糖（或糖造的淀粉或淀粉造的肉）时，我们可以想象糖在燃烧。肌肉运动缓慢地燃烧糖，犹如快速燃烧的煤驱动工厂的轮轴。

什么是虹？

　　史诗《吉尔伽美什》（Gil-gamesh）是苏美尔人的英雄神话，也是最古老的传说，比古希腊和犹太人的传说还早。苏美尔文明是五六千年前在美索不达米亚（今伊拉克）地区兴盛起来的。吉尔伽美什是苏美尔王，有点儿像英格兰传说中的亚瑟王，没人知道是否真有其人，但关于他的故事却很多。跟希腊的奥德赛（尤利西斯）和阿拉伯航海人辛巴达一样，吉尔伽美什也经历过传奇旅行，遭遇过奇异的人和事。有个老人（很老很老的，几百岁了）叫乌特纳帕什提姆（Utnapashtim），给吉尔伽美什讲了他自己的奇异故事。是啊，吉尔伽美什感觉很奇怪，可你也许不觉得奇怪，因为你可能听说过相同的故事……只是不同的老人，不同的名字。

rainbow?

乌特纳帕什提姆告诉吉尔，很多世纪以前，我们人类制造了好多噪声，吵得众神睡不着觉，令神仙们很恼火。

主神恩里尔（Enlil）觉得，应该发一场大洪水把人灭了，这样他们才有安宁的夜晚。可水神伊阿（Ea）提醒了乌特纳帕什提姆，要他拆了房子造一条船。

船造得很大，因为乌特纳帕什提姆想带走"所有生命的种子"。

141

乌特纳帕什提姆刚造好船，大雨就来了，不停地下了六天六夜。洪水滔天，淹没了没来得及上船的所有的人和东西。到第七天才风平浪静。

乌特纳帕什提姆打开密封的舱门，放出一只鸽子。鸽子飞出去找陆地，可没找到，又飞回来了。乌特纳帕什提姆又放出一只燕子，还是失败了。

最后，乌特纳帕什提姆放出一只乌鸦。乌鸦没有回来，意味着它找到陆地了。

最后，船停在一个露出水面的山顶。这时，另一个神伊什塔（Ishtar）画出了第一道彩虹，意味着众神答应不再发大洪水。根据古老的苏美尔人的传说，虹就是这样来的。

我说过，这故事似曾相识。在基督教、犹太教和伊斯兰教国家长大的小朋友，马上就能发现它和更晚一些的诺亚方舟的故事是一样的，只有一两处小差别。船的名字从乌特纳帕什提姆改成了诺亚，老故事里的众神变成了犹太传说里的一个神。"所有生命的种子"改成了"凡有血肉的活物，每样两个"——或如歌里唱的，"动物们一对对进来"——吉尔伽美什的传说当然是同样的意思。显然，犹太的诺亚方舟故事只不过复述了更老的乌特纳帕什提姆传说。千百年流传下来的，还是民间故事。我们常常发现，看似古老的传说其实源于更老的传说，只是改了一些名字和细节。在这儿，故事的两个版本都

142

以彩虹结束。不论在吉尔伽美什传奇还是在创世纪故事中,虹都是重要的元素。创世纪明确说它是上帝的弓,他将它放在天空,作为向诺亚和他的后代承诺的信物。

两个版本还有一点不同。在诺亚的故事里,令上帝不满的是人类不可救药的邪恶,而在苏美尔的故事里,人类的罪孽似乎没那么严重,只不过吵得众神没睡好觉而已!我想那很可笑。可是,美国加州海滨圣克鲁斯岛的土著丘玛什人,也独立流传着喧闹的人令众神不得安宁的故事。

丘玛什人相信他们就生在他们的岛上(那时当然不叫圣克鲁斯,因为那是一个西班牙名字),种子来自大地女神胡塔什(Hutash)的神奇植物。女神嫁给了天蛇神(也就是我们说的银河,只要不是在灯火通明的城里,你都可以在夜晚看见它)。岛上的人越来越多,像吉尔伽美什的故事一样,吵得女神胡塔什不得安宁,整夜睡不着觉。不过,女

神不像苏美尔和犹太神,她善良慈悲,没想杀人,而是决定让一些人离开圣克鲁斯岛,搬到她听不见的大陆上去。于是,她为他们造了一座桥。那座桥……当然,就是彩虹!

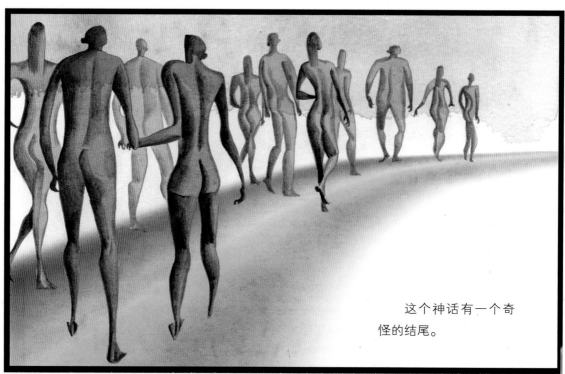

这个神话有一个奇怪的结尾。

当人们踏上虹桥时，有些聒噪的人往下看，害怕掉下去，吓得头晕眼花。

他们掉进了海里，变成了海豚。

其他神话也把彩虹当成一座桥。在北欧神话里，虹是众神从天庭到地上的长桥。

在波斯、西非、马来西亚、澳大利亚和美洲，很多人都把虹看成一条巨蛇，翱翔在天空汲取雨水。

我好奇的是，这些传说是怎么开始的？谁编的故事？为什么最终有人相信那些事情是真的？这些问题很诱人，也很难回答。但有一个问题我能回答：虹是什么？

The real magic of the rainbow

虹的魔力

我十岁时，被带去伦敦看儿童剧《彩虹的尾巴在哪儿》。你肯定没看过的，因为今天的剧院不可能再宣扬当时的那种爱国情绪。它讲的是做英国人是多么与众不同。孩子们在历险的紧要关头，被英格兰的守护神（苏格兰、威尔士和爱尔兰都有各自的守护神）圣乔治救了。不过，我记得最清楚的不是圣乔治，而是彩虹。孩子们到了彩虹生根的地方，我们看见他们在那中央走来走去。舞台设计很巧妙，聚光灯射出的彩色光束透过飞舞的灰尘，受了魔咒的孩子们不知所措。我想，就在那个时刻，身披金甲头戴银盔的圣乔治来了，我们小观众们目不转睛盯着舞台，听舞台上的小朋友们高叫：

圣乔治！圣乔治！圣乔治！

但抓住我想象力的还是那道彩虹，圣乔治无所谓了：站在那彩虹的脚下，该是多么神奇呀！

那出戏的作者从哪儿得到灵感的呢？虹看起来还真像一个东西，挂在天空上，也许就在几里外的地方。它的左脚踩在麦田里，右脚（假如你有幸看见一个完整的彩虹）踏在山坡上。你觉得你能走近它，就像戏里的孩子一样，站在彩虹落脚的地方。我前面讲的那些神话都有一个共同点，都将虹看成在确定距离、确定地方的一个确定的东西。

　　好了，你可能已经知道事实不是那样的！首先，假如你要接近彩虹，不管你跑多快，都不可能到那儿：虹会远远跑开，直到完全消失。你抓不住它，不过它也不是真的跑了，因为它本来就不在某个特殊的地方。它只是一个错觉——很诱人的错觉，理解了它，就能理解各种有趣的事情，有些我们到下一章再说。

光是什么构成的？

首先我们要了解一些光谱知识。光谱是牛顿在查理二世（大约 350 年前）时期发现的，他应该是有史以来最伟大的科学家（除了光谱，还发现了很多其他东西，如我们在昼夜那章看到的）。牛顿发现，白光其实混合了各种不同的颜色。对科学家来说，那才是白色真正的意思。

牛顿是怎么发现的呢？他做了一个实验。他先把他的房间变黑，不让透进一丝光亮，然后他在帘幕上开一条细缝，让铅笔粗细的一束白光照射进来。接着，他让光束通过一个三角形的棱镜。

棱镜将细细的光束展开，而从棱镜出来的光束不再是白色的，而像彩虹一样，是多色的。牛顿为他制造的虹起了一个名字：光谱。它是怎么来的呢？

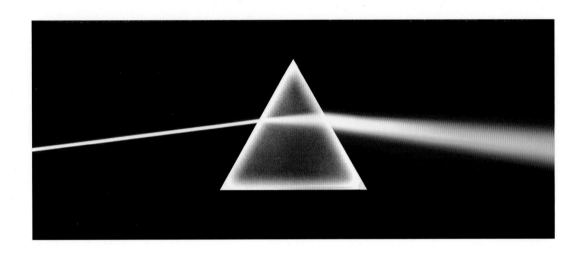

当光线穿过空气、照射玻璃时，会发生偏转，这种偏转叫折射。折射不一定是玻璃引起的，水也可以，那对彩虹是至关重要的。河里的船桨看起来是弯曲的，就是因为折射。所以，光通过水或玻璃时会折射。而关键的一点是，不同颜色的光折射的角度略有不同。红光偏折

的角度比蓝光小。所以，假如白光真像牛顿猜想的那样是多色光的混合，那么它通过棱镜时会发生什么呢？蓝光将比红光偏转更远，所以从棱镜另一端出来时，蓝光与红光会彼此分开。黄光和绿光将出现在它们之间。结果就是牛顿的光谱：不同颜色的光按照彩虹的次序排列——红、橙、黄、绿、蓝、紫。

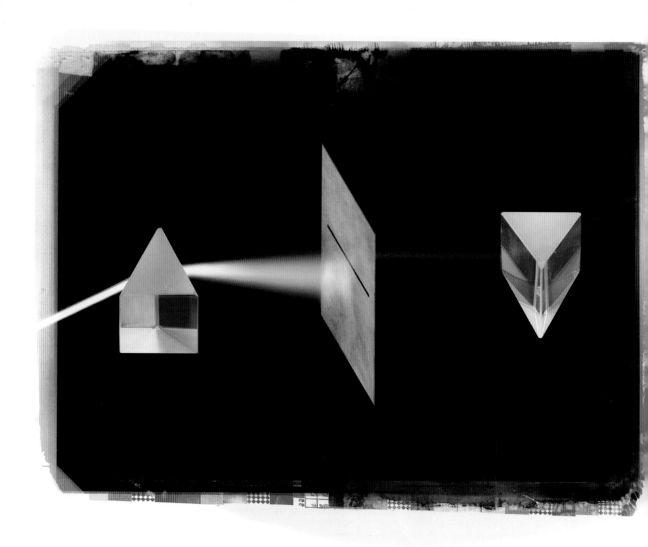

　　牛顿不是第一个用棱镜制造彩虹的人。别人早就得到过相同的结果。不过他们很多都认为是棱镜偷偷加了颜料，为白光"染色"了。牛顿的观点不同，他认为白光是所有颜色的混合物，棱镜只是把它们分开而已。牛顿是对的，他做了一对灵巧的实验来证明。他像前面一样，先用棱镜分光，然后在光线出来的路上割一条缝，只让一种光线通过（例如红光）。接着，他在红光出来的路上再放一个棱镜。这个棱镜也会折射光，但从它出来的只有红光。假如棱镜会染色，就该给红光染上别的颜色，可它没有。结果正是牛顿所预料的，证明了白光是各种颜色的光的混合。

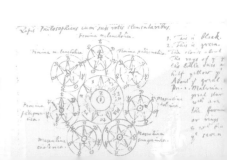

150

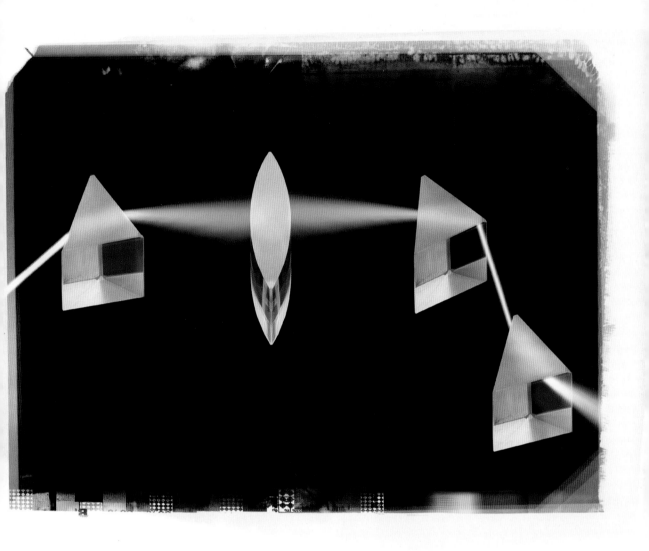

第二个实验更显牛顿的天才，用了三个棱镜。这被称为牛顿的 *Experimentum Crucis*，拉丁文的意思是"判决实验"——就是说，"真正解决争论的实验"。

在上图左边，你看到穿过牛顿窗帘缝隙的白光通过第一个棱镜，分解成彩虹的色彩。接着，分散的彩虹通过一个透镜，又重新聚集起来，然后通过牛顿的第二个棱镜。第二个棱镜的作用是把彩虹的色彩还原为白色。这已经巧妙证明了牛顿的观点。为了更令人信服，他又让还原的白光通过第三个棱镜，它又被分解成彩虹了！为了证明白光是所有颜色的混合，这大概是我们所能看到的最绝妙演示了。

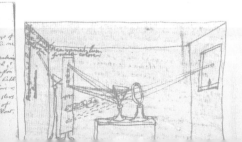

雨滴是怎么生成彩虹的？

棱镜没问题了，可我们看见天上的彩虹时，并没有悬浮的巨大棱镜呀。是的，没有棱镜，但有千百万颗雨滴。那么，每一颗雨滴都是一个小棱镜吗？有点儿像，可也有不同。

想在雨中看雨滴，只有当太阳在我们背后的时候。雨滴不像棱镜，更像小球。光线落在球上的行为和它通过棱镜时不一样。区别在于，雨滴的远端像一面小镜子，因为这一点，我们要背后有太阳时才能看见雨滴。阳光在雨滴里翻筋斗，然后向后向下反射，落在我们的眼睛。

事情是这样的。假如你背朝太阳站在地面，望着远处的阵雨。阳光射在一颗雨滴上（当然它也同时照射其他雨滴，不过我们一会儿再考虑）。我们称它为雨滴 A，太阳的白光落在它朝阳的一面，就像照在牛顿的棱镜面上一样，在那儿发生偏转。当然，红光比蓝光偏转小，所以光谱会自行分解。这时，所有颜色的光都穿过雨滴，落在背阳的一面。它们不会穿过雨滴进入空气，而是反射回朝阳的那面，这回是射向下方。当它们从雨滴的这一面出来时，仍然发生偏转，还是红光比蓝光偏转小。

于是，当光线离开雨滴时，它已经展开为一束小光谱了。分开的各色光线在雨滴内部折回，然后冲着你站的反方向射过来。假如你的眼睛碰巧遇到某根来自 A 的光线（如绿光），你就会看见纯绿色的光。比你矮的人也许会看见红光，而比你高的人会看见蓝光。

153

谁也不能从一颗雨滴看到整个光谱。从每颗雨滴只能看见一种颜色，但我们都说看见了七彩的虹，怎么回事呢？是啊，我们才说了一颗雨滴A，还有千万颗雨滴呢，它们都在以同样的方式折射阳光。当你看见A的红光时，在它下面还有另一颗雨滴B。你不会看见B的红光，因为它照在你的肚子上。但你能看见B的蓝光，因为它恰好射进你的眼睛。另外，还有比A低却比B高的雨滴，你会错过它的红光和蓝光，但恰好能看见它的黄光或绿光。于是，众多雨滴加在一起就形成一个完整的从上到下排列的光谱。

　　但从上到下的直线不是虹。那么虹从哪儿来呢？别忘了还有雨滴，它们从雨幕的一端延伸到另一端，而且遍及所有的高度。它们当然能为你呈现一个完整的虹。顺便说说，你看见的每一道彩虹本该是以你的眼睛为中心的圆——当你用水管浇灌花园时，阳光透过水雾就形成完整的圆彩虹。但我们通常看不到圆，那只是因为被地面挡住了。

154

所以，我们看见彩虹都是刹那间的。在下一个刹那，所有的雨滴都下落了，A 落到了 B，这时你会看见 A 的蓝光而不是绿光，而 B 的光都看不见了（也许你脚下的狗能看见）。不过，另一颗雨滴 C 会落到原先 A 的位置，你能看见它的红光。

所以，尽管形成虹的雨滴在不停地下落，虹看起来还是静止在空中的。

恰好的波长？

现在来看光谱——从红到橙、黄、绿、蓝和紫的各种颜色的序列——究竟是什么。为什么红光比蓝光的偏转小呢？

光可以看成振动：波。声音是空气的振动，光则是所谓电磁波的振动。我不想解释电磁振动是什么，因为说来话长（而我自己也未必完全明白）。重要的是，尽管光不同于声音，但我们也能像谈论声波那样谈光的振动的高频（短波）和低频（长波）。尖利的声音——如女高音——是高频的即短波长的振动。低频（即长波）的声音则如低沉的男低音。同样，对光来说，红光（长波）如男低音，黄光如男中音，绿光如男高音，蓝光如女低音，而紫光（短波）是女高音。

有些声音频率太高，我们听不见，叫超声；蝙蝠能听见，还靠回声找回家的路。还有些声音频率太低，我们也听不见，叫次声。大象、鲸鱼和其他一些动物能通过这些低沉的响动保持联系。大教堂的管风琴发出的最低音几乎是听不见的，你只能"感觉"它们令你整个身体颤动。人类能听到的声音范围是处于超声与次声之间的一段频率，在那之外，则要么太高，要么太低，我们都听不见。

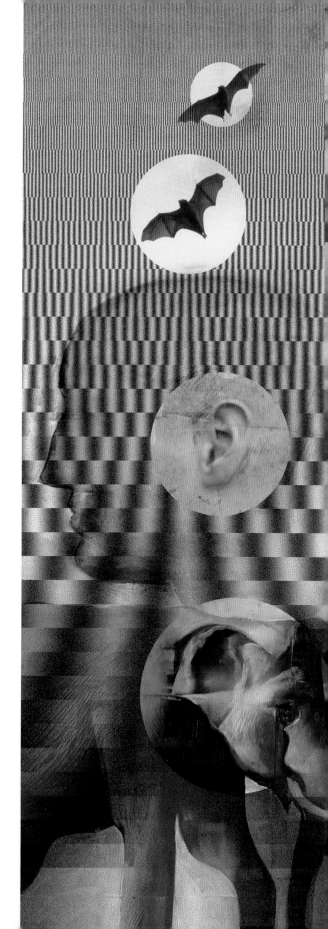

光也是如此。与蝙蝠的超声波对应的色光是"紫色之外的"紫外线。尽管我们看不见紫外光，昆虫却能。有些花生长着条带或其他花纹，引诱昆虫来授粉，但那些花纹只有在波长的紫外区才能看见。昆虫的眼睛能看见它们，但我们需要仪器将花纹"转换"到光谱的可见部分。我们看右边的月见草是黄色的，没有花纹，也没有条带。但如果用紫外光拍摄下来，你立刻就能看见星形的花纹。下图的那个花纹本来不是白的，而是紫外的。我们看不见紫外线，只好用其他能看见的颜色来表示，拍照片的人正好用了黑白的。他本来也可以用蓝色或其他任何颜色。

光谱还向更高的频率延伸，远远超过紫外线，连昆虫也看不见。X 射线是比紫外线更"高音"的"光"，而伽马射线比它还高。

在光谱的另一端，昆虫看不见红色，但我们能。红色之外的是"红外"光，我们看不见，但我们能感觉它的热（有些蛇对它特别敏感，靠它找猎物）。我想蜜蜂也许会说红色是"橙外"的。比红外更低沉的"低音"是微波，我们用它来做饭。比它更低（波长更长）的就是无线电波。

红外光

可见光

紫外光

X射线

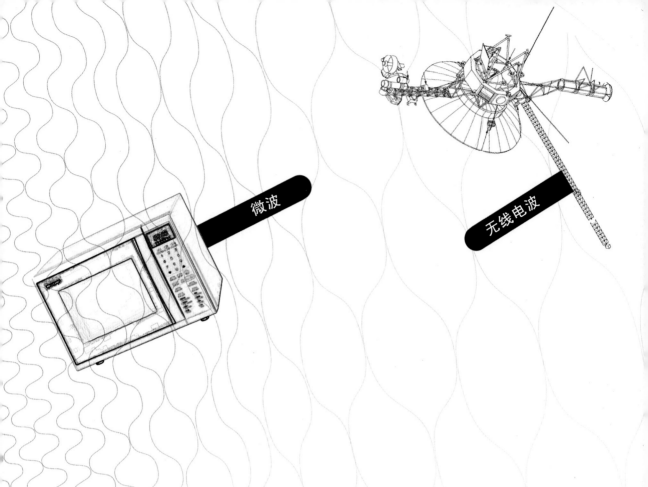

微波

无线电波

奇怪的是，我们人类能看见的光——即介于"高音"的紫色与"低音"的红色之间的可见光谱或"虹"——只是整个光谱（从高频的伽马射线到低频的无线电波）中间的一个很小的片段。几乎整个光谱我们都是看不见的。

太阳和恒星不断发射所有频率（或"音调"）的电磁波，从"低音"的无线电波直到"高音"的宇宙线。尽管我们看不见可见光外的光，但我们有仪器能探测那些不可见的光线。第 6 章的超新星图片就是用来自超新星的 X 射线拍摄的。图中的颜色是伪彩色，就像我们看月见草的黑白花纹一样。在超新星图片中，伪彩色用来标记不同波长的 X 射线。射电天文学家们用无线电波（而不是可见光或 X 射线）拍摄恒星的"照片"。

他们用的仪器叫射电望远镜。别的科学家则用光谱另一端的 X 射线来拍摄天空的照片。我们通过不同的光谱认识了恒星和宇宙的不同特征。我们的眼睛只能透过巨大光谱中间的一条"小缝"，我们只能看见科学仪器的宽广视域里窄窄的一块，这个事实恰好说明了科学激发我们想象的巨大力量，那也正是大自然魔力的一个具体表现。

在下一章，我们将学习彩虹的更神奇特征。将遥远星光分解成光谱，不仅能告诉我们恒星是由什么构成的，还能告诉我们它有多老了。正因为这些证据——虹的证据——我们才能认识宇宙有多老，它从什么时候开始。那似乎是不可能的，但我们会说明那一切都是可能的。

8 WHEN AND HOW DID EVERYTHING BEGIN?

万物之初

我们从一个非洲神话说起，它源自刚果波什翁戈（Boshongo）的班图部落。起初还没有土地，只有一片黑暗的汪洋，更重要的是，还有芒巴（Bumba）神。芒巴闹肚子，吐出了太阳。阳光驱散了黑暗，热量蒸发了一些水，露出了陆地。不过，芒巴的肚子还疼，于是又吐出月亮、星星、动物，还有人。

中国人的很多起源神话都有个主角叫盘古，有时被描述为长着狗头的长发巨人。有个神话说，起初天地未分，是一团黏糊糊的混沌物包着一只黑色的巨卵。盘古就蜷缩在卵里。他在卵中沉睡了 18 000 年。最后醒来时，他就想跑出去，便拿起斧头劈开一条路。于是，蛋黄下沉变成大地，蛋清上升变成天空。然后，天地以相同的速率膨胀，每天胀 3 米，一直胀了 18 000 年。

还有的说法是，盘古将天地分开，然后就累死了。他身体的碎片变成了我们的宇宙，他的呼吸成了风，声音成了雷，双眼成了日月，肌肉成了农田，神经成了马路，汗水成了雨，头发成了星星。人类则是从他身上的跳蚤和虱子生出来的。

顺便说一句，盘古分开天地的故事很像（也许无关）希腊神话里擎天的阿特拉斯（奇怪的是，图画和雕像却常常表现他把整个地球扛在肩膀上）。

现在来看众多印度起源神话之一。在时间开始之前，有一片虚无的黑暗汪洋，一条巨蛇蜷缩在洋面。巨蛇卷曲的怀里躺着主神毗湿奴（Vishnu）。最后，毗湿奴（Vishnu）被洋底的轰响惊醒了，从他的肚脐生出一朵荷花。荷花的中央端坐着他的仆人梵天。毗湿奴（Vishnu）指挥梵天创造了世界，梵天就那么做了。当然没问题！当他造世界的时候，所有的生物也出来了，很容易！

所有这些起源神话都有点儿令我失望，它们一开始都假定宇宙形成之前就存在某个生物——如芒巴、梵天、盘古、印库鲁库鲁（Unkulukulu，祖鲁人的创世者）、阿巴色（Abassie，尼日利亚）或"空中的老人"（来自加拿大的土著撒利希人）。难道你不认为应该先有一个宇宙，造物的神灵有了地方才能干活儿呀？没有哪个神话解释过宇宙的那个创造者本人（通常是男性的）是怎么来的。

所以，它们没有告诉我们多少东西。我们还是来看看我们所知的宇宙起源的真相吧。

HOW DID
EVERYTHING
BEGIN
REALLY?

还记得吗？第1章说过，科学家的工作是建立真实世界的"模型"，然后用模型来预言我们应该看到的事物——或者应该可以进行的测量——从而检验模型是否正确。20世纪中叶，宇宙起源有两个竞争的模型，"稳恒态"模型和"大爆炸"模型。稳恒态模型很精致，但最终证明是错的——即基于它的预言是错的。根据稳恒态模型，宇宙从来没有开端：它一直以现在的形式存在着。另一方面，大爆炸模型认为，宇宙以一种奇异的爆炸形式从一个特定的时刻开始。基于大爆炸模型的预言，一个个都证明是正确的，所以它得到了多数科学家的认同。

根据大爆炸模型的现代形式，整个可观测宇宙在130亿～140亿年前爆炸形成。为什么说"可观测"呢？"可观测宇宙"是指我们有证据证明其存在的一切事物，也许还存在别的宇宙，是我们的感觉和仪器所不能达到的。有些科学家猜想（或者想象），可能存在"多重宇宙"：一串"汩汩"的宇宙

"泡沫"，我们的宇宙只是其中的一个泡沫而已。或者，可观测宇宙——我们生活的宇宙，也是我们能直接感觉的唯一宇宙——就是唯一存在的宇宙。不论哪种情形，我在本章只说可观测宇宙。可观测宇宙似乎是从大爆炸开始的，这个惊人的事件发生在140亿年前。

有些科学家会告诉你，时间本身也始于大爆炸，我们若问大爆炸之前发生什么，就相当于问北极的北方是什么。你没听懂吧？我也不懂。但我多少明白一些大爆炸发生和什么时候发生的证据，本章就说这些。

首先，我需要解释星系是什么。在第6章的足球类比中，我们已经看到，与环绕太阳的行星之间的距离相比，恒星之间的距离大得难以置信。但尽管相隔遥远，恒星还是聚集成群的，这些成群的星就叫星系。这儿有四个星系的图片。

每个星系呈现出由亿万个恒星以及云、尘埃和气体组成的白色漩涡状图案。

　　我们的太阳只不过是我们这个叫银河系的特殊星系里的一颗普通的恒星，它叫那个名字，是因为我们在黑夜能迎头看到它的一部分，像一条神秘的白色道路横过天空，乍看起来，你可能把它误会为一条薄薄的云带——当你发觉它原是一条星河时，一定会感到惊讶和敬畏。我们就在银河系里，所以永远不可能看到它壮丽的全景，不过上面那幅艺术家的想象，呈现了从外面看到的银河系，还标出了我们的位置——标记为"太阳"，是因为在这个尺度上我们无法区别太阳与行星之间的距离。

　　现在看右边的图——那不是艺术家的想象，而是望远镜拍摄的真实图像——其中有几百个星系，每一个都和我们的银河系一样，是数十亿颗恒星的集合。每当我想着那一个个小光点都是和银河系一样大的星系，我总是惊奇不已。可那是真的，宇宙——我们的可观测宇宙——真是太大了。

接下来的要点在于，我们有可能测量每个星系距离我们多远。怎么测呢？我们怎么知道宇宙的什么东西有多远呢？对邻近的恒星来说，最好的办法是用所谓的"视差"。将你的手指头举到面前，闭上左眼，用右眼看着它；然后闭上右眼，用左眼看它。就这样换着眼睛看，你会发现手指的位置会左右跳来跳去。那是因为两只眼睛的视点有差别。让手指靠近一点，位置的跳跃就会更大一些。将手指拿得远一点，位移就会小一些。只要知道两眼分开的距离，你就能通过位置的移动计算手指到眼睛的距离。这就是用视差估计距离的方法。

现在，我们不看手指，而是轮换着用两眼远望夜空里的星星。星星不会移动，因为距离太远了。为了让星星左右"跳来跳去"，我们需要将眼睛分开数百万千米！怎样才能让眼睛分开几百万千米呢？我们可以利用下面的事实：地球绕太阳的轨道直径为3亿千米。我们测量一颗邻近恒星相对于其他恒星背景的位置，半年后，地球在3亿千米外的轨道另一边，这时我们再测量那颗恒星的位置。假如恒星距离很近，它的视位置就会"跳动"。根据它移动的长度，很容易计算它距离我们多远。

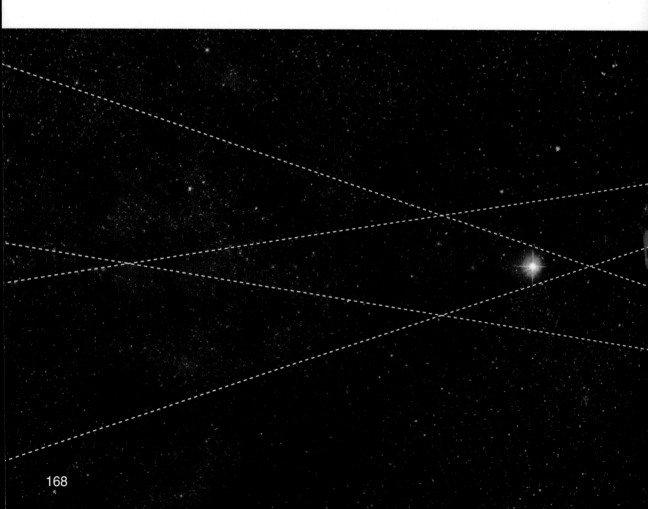

然而，遗憾的是，视差法只适用于邻近恒星。对遥远的恒星（当然还有遥远的星系）来说，我们的"两只眼睛"的间隔需要远远大于 3 亿千米。我们必须寻找新的方法。你可能以为可以去测量星系有多亮：遥远的星系显然应该比邻近的星系更黯淡，不是吗？麻烦的是，两个星系可能确实具有不同的亮度。这就像估计蜡烛的距离一样。假如一根蜡烛比别的蜡烛亮，你怎么知道你看见的是远距离的亮蜡烛还是近距离的黯淡蜡烛呢？

幸运的是，天文学家有证据证明某些特定类型的恒星正是他们需要的所谓"标准烛光"。他们熟悉那些恒星发生的事情，因而知道它们的亮度——不是我们看到的亮度，而是真实的亮度，即光在离开恒星到达我们望远镜之前的强度（也可能是 X 射线或其他我们可以度量的辐射）。他们还知道如何识别那些特殊的"蜡烛"；这样，只要他们能在星系里发现哪怕一颗那样的恒星，天文学家就能利用它，借助业已确立的数学计算来估计星系的距离。

于是，我们可以用视差法测量近距离恒星，还可以借各种标准烛光的"梯子"来测量更大的距离，直到遥远的星系。

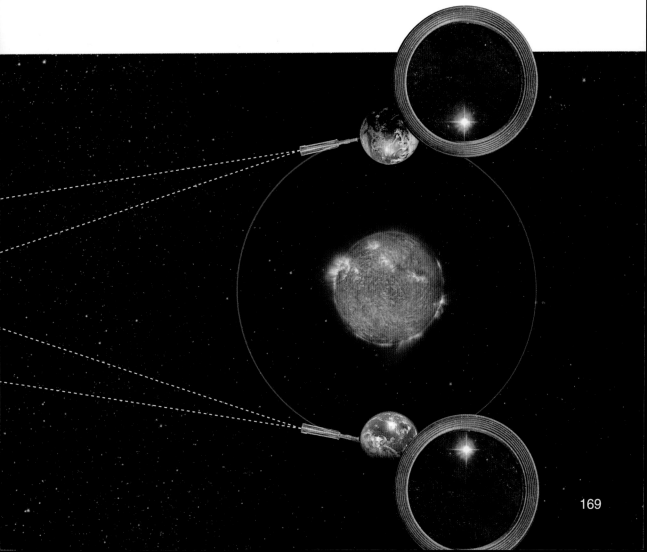

虹与红移

好了，我们知道了星系是什么以及如何确定它们到我们的距离。至于论证的下一步，我们需要利用在第 7 章说彩虹时遇到的光谱。我曾应邀为一本书写一个章节，那本书是请一些科学家提名有史以来最重要的发明。那很有意思，但在我答应之前，把事情耽误了，很多显而易见的发明都已经被别人提出来了：车轮、印刷术、电话、计算机，等等。于是我选了一个仪器，我肯定别人不会选它，而它却非常重要，即使用它的人不会很多（我承认我自己也没用过）。我选的是分光镜。

分光镜是一种"彩虹机器"。如果装配在望远镜上，它就会获取来自某颗星或某个星系的光，然后分解它的光谱，就像牛顿用棱镜做的那样。但它比牛顿的棱镜精巧得多，因为它能让我们沿着星光的光谱进行精确的测量。测量什么呢？彩虹有什么可测的呢？是啊，真正有趣的事情就从这儿开始了。不同恒星的光会生成不同的"虹"，具

有各自的特性，而这能告诉我们很多关于星星的东西。

这是不是意味着星光有完全不同的颜色，我们在地球上都没见过？当然不是。我们在地球上已经看见了我们的眼睛所能看见的所有颜色。这是不是有点儿失望？我第一次明白这一点时，确实有点儿。小时候，我常常喜欢洛夫汀（Hugh Lofting）的《杜里特大夫》系列。在其中一本里，大夫飞到了月亮，看见那儿的颜色和以前人眼看见的颜色一点儿都不一样，真是着魔了。我喜欢这个想法。令我兴奋不已，它意味着我们熟悉的地球也许不是宇宙间的典型事物。不幸的是，尽管这个想法有意思，却不是真的——也不可能是真的。那是因为牛顿的发现，我们看到的颜色都包含在白光里，当白光通过棱镜被分解时，那些颜色就会呈现出来。在我们熟悉的范围之外不存在

别的颜色。艺术家可能遇到数不清的色调和阴影，但所有那些都是白光的基本成分的组合。我们在头脑里看见的色彩其实只是我们的头脑为了识别不同波长的光而为它们贴的标签而已。我们在地球上已经见过了所有波长的光。不管是月亮还是其他恒星，都不会有任何令我们惊奇的颜色。可惜啊！

那么，我说不同恒星产生不同彩虹、具有能用分光镜测量的差别，到底是什么意思呢？原来是这样的：当星光被分光镜分解时，在光谱的特别地方会出现狭窄的黑线条纹。有时，这些条纹不是黑的，而是彩色的，但背景是黑的——等会儿我会解释这点差别。这些条纹看起来像条码，就是那种我们在商场见过的收银台识别商品的条码。不同的恒星有相同的虹，但条纹不同——那种条纹其实就是一种条码，因为它能告诉我们很多关于恒星组成的事情。

并非只有星光才显现那种条码线。地球上的光也有，所以我们才能在实验室考察它们是什么产生的。结果表明，形成条码的是不同的元素。例如，钠在光谱的黄色区段有明显的亮线。钠光（钠蒸汽的电弧产生的）是黄色的。其中的原因，物理学家都知道，但我不明白，因为我是生物学家，不懂量子理论。

我在南英格兰索尔斯伯里上学时，小红帽在黄色的街灯下闪烁着奇异的光，真令我着迷。它看起来一点儿也不红，而是棕黄的。鲜红的双层大巴也是那样。原因是这样的。索尔斯伯里和那时英国其他城镇一样，路灯都用钠蒸气灯，它们发出的光线，在钠的特征谱线所覆盖的光谱区段中只是狭窄的一段，而其中最明亮的就是黄线。总的说来，钠光是纯黄色的，不同于白色的阳光和我们普通电灯的昏暗的黄光。钠灯发出的光里根本就没有红光，我的小红帽不会反射出红光来。假如你想知道帽子、大巴或红色是怎么来的，答案就在于红色的染料或油漆分子会吸收所有颜色的光，除了红色而外。所以，在包含了所有波长的白光里，大部分红光被反射回来了。在钠蒸汽的路灯下，没有红光可以反射，因而颜色看起来是棕黄的。

1   H   氢

钠只是一个例子而已。你还记得，第 4 章说过每种元素都有各自独特的"原子序数"，即原子核内的质子数（也是环绕核的电子数）。好了，因为电子的轨道，每个元素都有各自独特的光效应，犹如条码一样各不相同……实际上，条码几乎就等于是星光谱线的条纹。用分光镜将星光的光谱分解出来，看谱线的条码，我们就可以知道出现在那颗星里的元素是 92 种天然元素的哪一种。

有一个网站，http://booksattransworld. co.uk/dawkins-elements.，你可以在那儿随便选一种元素，看它的光谱条码。你只需要将游标移到你需要的元素就行了。它们是以原子序数为序排列的，从氢元素开始。

例如，上面是第一个元素（因为它只有 1 个质子，你应该还记得）氢的谱线。可以看到，氢产生 4 根线，一根在光谱的紫色区段，一根在深蓝色，一根在浅蓝色，还有一根在红色（图上还标出了不同的波长）。

为了理解网页的图片，我们需要知道几个容易疑惑的细节。首先，我们注意谱线呈现的两种方式：一种是黑色背景下的色线

（图的上部），另一种是彩色背景下的黑线（图的下部）。它们分别叫发射光谱（黑底色线）和吸收光谱（色底黑线）。我们看见什么谱线，取决于元素是在发自己的光（如钠元素在路灯的光亮）还是在接收半路的光（出现在恒星中的元素通常是这种情形）。我不想纠缠这一点区别。重要的是，不论哪种情形，那些谱线都出现在光谱的相同位置。对任何元素来说，不论呈现为黑线还是色线，谱线条码都是一样的。

另一个复杂的细节是，某些谱线比其他的显著得多。用分光镜看星光时，我们通常只看见很显著的几条谱线。但那个网页列出了所有的谱线，包括那些暗淡的只能在实验室看见而不会在星光里显现的谱线。钠是一个很好的例子。在实际应用中，钠光是黄色的，其主要谱线出现在光谱的黄色区段：其他谱线可以不管，尽管它们的存在也有意思，让光谱看起来更像条码。

这儿的图是钠的发射光谱，只画出了三条最强的谱线，可以看到黄色是多么显眼。

既然每个元素都有各自的条码，我们就能从任何一颗恒星的光线看它呈现了哪些元素。不过，这是很需要技巧的，因为有几个元素的条码几乎都混在一起了。但也有办法区分它们。分光镜真是奇妙的工具啊！

还有更妙的呢。对页底下的钠光谱就是我们从索尔斯伯里的路灯看见的光，也是不太遥远的恒星发出的光。我们看见的大多数星光——如著名的黄道十二宫的星团里的恒星发出的光——都来自我们的银河系，随便看哪颗星的光，都像这里的图一样。可是，如果看另一个星系的星光，我们就会看见不同的令人欣喜的图像。本页顶部的钠光谱条码来自三个不同的地方：地球（或邻近恒星）、邻近星系的遥远恒星、遥远星系。

先看来自遥远星系的钠光谱条码（底图），然后与地球上的条码（顶图）比较，可以看到同样的谱线，间隔同样的距离。但整个条码向谱线的红端移动了。那么，我们凭什么说它还是钠光谱呢？原因是谱线之间的间隔是一样的。如果只是钠光谱如此，这还不足以令人信服。但所有的元素都具有相同的现象。不论什么元素，我们都能看到它们在星光和地球上的谱线都有相同的间隔，只不过整体向光谱的红端移动了。而且，对任何一个星系来说，所有条码在光谱上移动的距离是一样的。

中间的图显现了我们邻近星系——比前面说的遥远星系近得多，但比银河系的恒星远得多——的星光的钠谱线条码，我们能看到条码的移动不近不远。谱线的间隔还是一样的，那是钠光谱的标志，但移动不如前面的远。第一条线沿着光谱偏离了深蓝，但还没到绿色，只是浅蓝。黄区的两条谱线（它们构成了索尔斯伯里路灯的黄光）也都朝光谱的红端方向移动了，但还不像遥远星系的光线那样移到红区，而只是变成了橙色。

钠只是一个例子。任何其他元素也表现了同样的向光谱红端的移动。星系距离我们越远，向红端的移动越多。这个现象叫"哈勃频移"，是美国天文学家哈勃（Edwin Hubble）发现的；他去世后，他的名字还命名了哈勃望远镜——它曾在无意间拍摄到了167页的那个非常遥远的星系。哈勃频移也叫"红移"，因为谱线朝着红端移动。

回到大爆炸

红移意味着什么？很幸运，科学家都知道。那是所谓"多普勒频移"的一个例子。多普勒频移是不论什么波都会发生的现象——而我们在前一章看到，光就是波组成的。它通常叫"多普勒频移"，而我们是从声波熟悉它的。当你站在路边看汽车呼啸着从身边飞快跑过时，汽车引擎的音调会降下来。你知道汽笛的音调是一样的，那为什么

听起来会降低呢？原因就在于多普勒频移，解释如下。

声音以空气压力变化的波动形式在空中传播。当你听见汽车马达轰鸣——还是说喇叭声吧，它比马达声悦耳——声波从声源向空中四面传播。你的耳朵恰好在某个方向上，感觉到了喇叭产生的空气压力的改变，然后你的大脑分辨出声音。别以为是空气分子从喇叭跑进你的耳朵，不是那么回事儿。风才是空气分子朝某个方向运动，而声波是

向所有方向传播，就像往水塘扔块石头激起的波纹一样。

最容易理解的一种波是所谓的墨西哥人浪（上图）：在巨大的体育馆里，观众依次站起然后坐下，一个人刚坐下，他旁边的人马上站起来，起伏的波浪在看台上快速移动。没人离开过他的位置，但波在传播。实际上，波传播的速度远远超过人奔跑的速度。

水池里传播的是水面高度变化的波，它之所以成为波，是因为水分子本身并不曾从石块那儿跑出来。水分子只是上下跳动，和体育馆的人浪一样。没有什么东西真的从石块向外流动，只是因为水面的高点和低点在向外运动，所以看起来像是水在动。

声波略有不同。在声波的情形，传播的是改变空气压力的波。空气分子从喇叭（或其他什么声源）向前移动一点儿，然后又向后回来。这样，它们也使得邻近的分子前后移动，邻近的分子又推动它们的邻近分子。结果，分子碰撞的波——相当于压力改变的波——从喇叭向四方传播。传到你耳朵里的是来自喇叭的波，而不是空气分子。不论声源是喇叭、说话声还是汽车，波都以固定速度传播，大约每小时 1236 千米（在水下快 4 倍，在某些固体中更快）。如果喇叭的音调更高，声波的速度保持不变，但波峰之间的距离（波长）会变短。如果音调低，波峰之间的距离变大，波速仍然是一样的。所以，高音比低音的波长短。

声波就是这样的。现在说多普勒频移。想象有人拿着喇叭站在白雪覆盖的山坡上，吹着悠扬的曲调。这时，你踏着雪橇从他身旁滑过（我选雪橇而不是汽车，是因为雪橇安静，不会干扰你听喇叭）。你会听见什么呢？波峰一个接着一个以确定的间隔离开喇叭，间隔取决于喇叭的音调。可是，当你嗖嗖地冲向喇叭手时，你的耳朵攫取波峰的频率会比你站在山顶时的高。于是，喇叭的音调听起来比实际的高。接着，当你滑过喇叭手以后，你的耳朵会以较低的频率接收波峰（它们的间隔拉开了，因为每个波峰都与你的雪橇沿同一个方向运动），所以听见的音调比实际的低。如果是耳朵静止而声源运动，结果也一样。据说（我不知道真假，但故事挺好），发现这个效应的奥地利科学家多普勒（Christian Doppler）雇了一支铜管

乐队在一列敞开的列车上演奏，以此来证明它。当火车驶过惊讶的观众时，乐队的音调急剧降了下来。

光波更不同了——既不像墨西哥人浪，也不像声波。但它也有相应的多普勒效应。记住光谱的红端的波长大于蓝端的波长，绿光介于其间。假定多普勒列车上的乐手都身着黄色的制服，当列车飞快向你驶来时，你的眼睛"捕获"的波峰会比列车静止时的大，于是制服的颜色会略向光谱的绿色区间移动。然后，当列车离你而去时，情形正好相反，乐手的制服会变得有点儿红。

这个说明只有一点问题。要产生我们能觉察的蓝移或红移，火车必须以每秒数百万千米的速度运动。火车不可能跑那么快，我们看不见颜色的多普勒效应。但星系可以。在172页的图上，我们可以清楚地看见钠条码谱线的位置向红端移动了，证明遥远星系正以每小时数百万千米的速度离开我们。星系越远（用我前面说的"标准烛光"来测量），跑离我们的速度越快（红移也越大）。

宇宙间的所有星系都在相互飞离，因而也在飞离我们。不论你把望远镜对着哪个方向，距离越远的星系离开我们（和其他星系）的速度越高。整个宇宙——空间——在以巨大的速度膨胀。

在这样的情形，你可能会问，为什么只有在星系尺度才能看见空间是膨胀的？星系内的恒星为什么不会相互飞离呢？你我为什么不会飞离呢？原因在于，聚集在一起的物体之间有很强的引力作用。邻近的物体靠引力聚集，而遥远的物体——其他星系——随宇宙膨胀而分离。

有趣的是，天文学家通过膨胀研究宇宙的过去。他们构想了一部星系飞离的膨胀宇宙的电影，然后将它倒放。在倒放的影片里，星系不再相互飞离，而是相互趋近。天文学家可以根据影片回溯到宇宙开始膨胀的时刻，甚至还能算出那个时刻。这样，他们知道那是在 130 亿年和 140 亿年前的某个时刻。那就是宇宙开始的时刻——那个时刻叫

"大爆炸"。

今天的宇宙"模型"假定，不但宇宙从大爆炸开始，时间和空间本身也从大爆炸开始。别要我解释，因为我不是宇宙学家，我自己都不懂呢。不过也许你现在明白我为什么说分光镜是有史以来最重要的发明之一了。彩虹不仅是看着漂亮，它们还以某种方式告诉我们包括时间和空间在内的天下万物的开始。我想这令彩虹更加美丽了。

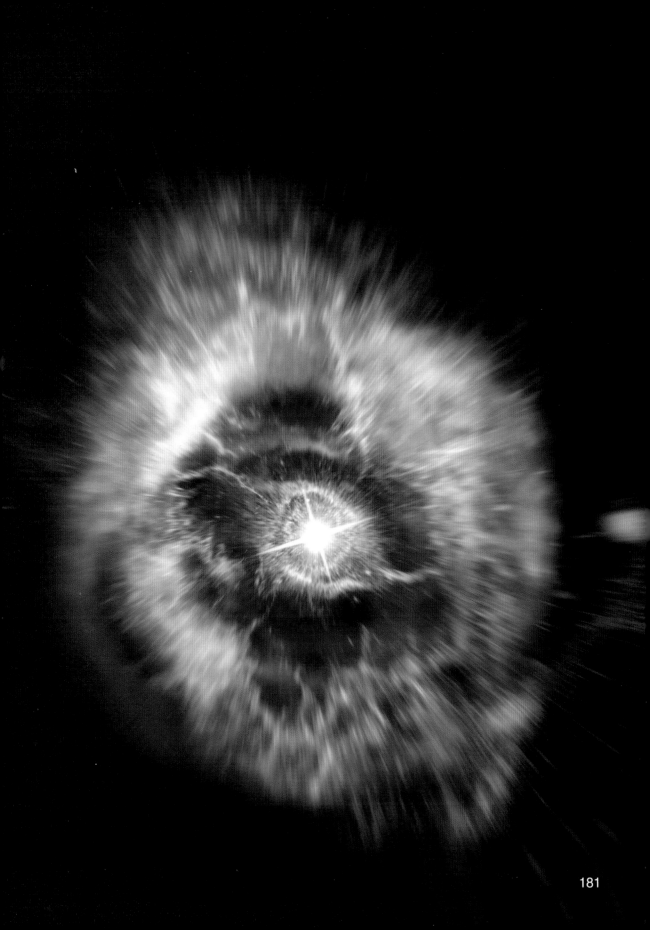

9 ARE WE alone?

我们孤独吗?

　　据我所知,古代神话几乎没有说宇宙其他地方的异类生命的,那大概是因为人们一直没想到我们的世界之外还有一个更大的宇宙。直到 16 世纪,科学家们才发现地球绕着太阳旋转,地球之外还有其他同样旋转的行星。更近代的时候,人们才认识了恒星和其他星系的距离。不过,人们很快就意识到,世界上某个地方(如婆罗洲)的"上

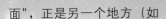

面"，正是另一个地方（如巴西）的"下面"。在那之前，人们认为不论在哪儿，"上"都是同一个方向，即天空"之上"朝着神灵或众神居所的方向。

关于我们周围的奇异生命的传说和信仰却源远流长，如魔鬼、精灵、神仙、幽灵……数不清。但在这一章里，我问"我们孤独吗"，意思是"在宇宙的其他地方是否存在其他的生命形式？"我说过，我们的先民很少有神话说这个意义上的异类生命。不过，在现代都市人中间，那样的故事俯拾即是。那些现代神话与古代的不同，它们有趣得多，因为它们一出现我们就可以关注。我们看着神话在我们的眼前浮现。所以，本章的神话都是现代的。

1997 年 3 月，加利福尼亚有个叫"天国之门"的宗教组织可怜地消失了，它的 39 个成员服毒自杀了。他们自杀是因为相信来自外太空的 UFO 会将他们的灵魂带到另一个世界去。当明亮的海尔－波普（Hale-Bopp）彗星划过夜空时，他们相信——因为他们的精神领袖是那么说的——外星人的飞船就是搭着彗星一路来的。他们买来望远镜看飞船，然后又还给商店，因为它"没用"。他们怎么说没用呢？因为他们用它没看见飞船！

他们的头儿叫安培尔怀特（Marshall Apple-white），难道他真相信他告诉随从的那些胡言乱语吗？也许是真的，因为他也服毒了，看来他是很虔诚的！很多宗教头领都很投入，只有这样他才能拥有他的女性追随者，但安培尔怀特很早就自宫了，所以女人在他头脑里可能不是主要的。

这种人的一个共同点似乎是喜欢科幻小说。天国之门的信徒就沉迷《星际迷航》。当然，关于外星人的科幻故事不胜枚举，但我们多数人都知道那不过是虚构、想象和杜撰的故事，并非实有其事。但也有相当多的人毫不动摇地相信他们曾被外星人抓（"绑架"）过。他们走火入魔了，哪怕一丁点儿的"证据"，也会深信不疑。例如，有人相信他被外星人绑架过，原因只是他经常流鼻血。他的理论是，外星人在他鼻子里装了无线电发射器来监视他。他还认为他本人也许就是外星人，根据是他的肤色比父母黑一点儿。很多美国人（数量多得惊人），其中很多本来挺正常的，笃信他们曾被带上飞碟，遭遇过小灰人做的可怕的人体实验。那些小人儿有着大大的脑袋和凸起的圆圆的大眼睛。"外星人绑架"的故事成系统了，内容五花八门，简直像古希腊神话和奥林匹斯诸神一样丰富多彩。但这些外星人绑架故事却是新近的，你可以去和那些相信被绑架过的人讲故事——他们看起来很正常，冷静而理智，他们会告诉你他们曾与外星人面对面，告诉你外星人像什么样子，做那些龌龊实验并把针头扎进人体时说过什么（当然，外星人说英语！）。

克兰西（Susan Clancy）和几个心理学家详细研究过那些自称被绑架过的人。有些人已经记不清那事儿，甚至全忘了。他们的解释是，肯定是外星人在人体实验结束以后，用某种邪恶的技术将他们的记忆清除干净了。有时他们会找催眠师或心理学家，求他们帮助"恢复他们失去的记忆"。

顺便说一句，恢复"失去的"记忆完全是另一码事儿，那本来也是很有趣的。当我们认为我们记得某个真实的事件时，也许只是在记忆另一个记忆和记忆的记忆……直到那个最初的事件。记忆的记忆的记忆可能会一步步扭曲。有证据表明，我们某些最生动的记忆其实是虚假的记忆，而虚假的记忆是可以被不良的"心理师"精心培植的。

虚假记忆综合征有助于我们理解为什么有些自以为被外星人绑架过的人会声称他们对事件有活生生的记忆。通常的情形是，那人从报纸上看到其他所谓绑架故事时，会与外星人纠缠起来。我说过，这些人都喜欢《星际迷航》或其他科幻小说。有趣的是，他们以为遭遇过的外星人通常都很相似，就像最近关于外星人的电视剧里描绘的外星人一样，而且他们都做在电视里看到的那些"实验"。

接下来的事情可能是，那人会被恐惧的经历折腾得死去活来（叫睡眠麻痹症）。这样的例子并不罕见，你自己都可能经历过。我希望我向你解释过后，你下次遇到那种事情不要太恐惧。通常说来，你在睡梦中时，身体是麻痹的。我想那会使你的肌肉松弛下来，不会随着梦境一起梦游（尽管有时会出现）。正常情形下，当你醒来梦境消失后，麻痹状态也会消失，你又能活动肌肉了。

但有时候，当你的意识已经回归大脑了，你的肌肉还是不能活动，那就叫睡眠麻痹。可以想象，那是很可怕的事情：你已经清醒了，能看见卧室里的东西，却不能动弹。睡眠麻痹常常伴随着可怕的幻觉。人们会觉得周围都是莫名的可怕的危险。有时，他们甚至能看见根本没有的东西，就像在梦中一样。对做梦者来说，梦里看到的一切都绝对是真实的。

如果你患了睡眠麻痹症产生了幻觉，那幻觉像什么呢？现代科幻小说迷也许会看见长着大脑袋凸眼睛的小灰人儿。在科幻小说尚未出现的世纪里，人们看见的幻境是不同的：妖怪、狼人、吸血鬼，也许（如果幸运）还有美丽的长着翅膀的小天使。

关键是，睡眠麻痹中的人看见的图景并不真的存在，而是根据过去的恐怖、传奇或小说在大脑中虚构出来的。即使患过睡眠麻痹症的人不产生幻觉，那经历也一样可怕，等他最后醒来时，通常还会相信在他们身上发生过恐怖的事情。如果你原先相信吸血

鬼，你醒来时会确信吸血鬼攻击过你。如果我原先相信外星人绑架，我醒来会相信我被绑架了，但记忆被外星人抹去了。

睡眠麻痹症患者的典型行为还有，即使他们没有外星人幻觉和阴森的人体实验，他们根据想象而做出的可怕虚构也会像虚假记忆那样固定下来。那个过程还会被亲朋好友进一步强化，因为他们会扭着追问越来越多的细节，甚至开头就问，"外星人在哪儿？他们是什么肤色？是灰色的吗？他们是不是长着电影里的凸眼睛？"就凭这些问题，就足以移植或塑造一个虚假的记忆。当我们这样看问题时，就不会奇怪1992年的民意测验结果：近400万美国人认为他们被外星人绑架过。

我的心理学家朋友布兰克摩尔（Sue Blackmore）指出，睡眠麻痹症也是外星人观念流行之前恐怖幻想的最可能根源。在中世纪，人们说午夜曾遭遇"色鬼"（男魔来找女受害者）或"女妖"（女魔来找男受害者）。睡眠麻痹症的效应之一是，如果你想

活动，你会感觉有什么东西压在你身上。对遭受性攻击的受害者来说，这很容易解释。纽芬兰的传说中有个"老巫婆"，常在夜晚压在别人胸部。印度尼西亚传说中有个"灰鬼"，常在黑夜里去找人，令他们瘫痪。

这样，我们就很好理解了为什么有人相信他们被外星人绑架过，现代的外星人绑架神话，令我们想起古代淫欲的色鬼女妖或半夜出没的长着青面獠牙的吸血鬼。没有证据证明我们的星球来过外星人（或者任何妖魔鬼怪）。但我们仍然怀疑其他行星是否存在生命。不能因为他们不曾造访我们就说他们并不存在。其他行星上会不会发生和我们一样的（或者很不一样而只有些许类似的）演化过程呢？

IS THERE REALLY LIFE ON OTHER PLANETS?

其他行星真的存在生命吗？

没人知道。

假如你硬要我说点儿什么意见，我会说，是的，可能存在，而且有千万颗行星。但谁会在乎某个意见呢？一点儿直接的证据都没有。科学的美德之一就是科学家知道他们也有不知道问题答案的时候。他们甘愿承认他们不知道。怎么会甘愿呢？因为不知道答案就是对寻求答案的挑战，那是令人激动的。

我们也许有一天会找到外星生命的确凿证据，那时就肯定知道答案了。而现在，科学家顶多是把那些能减少不确定的信息写下来，为我们的猜想增加一点估量的成分。这本身也是一件有趣而富挑战性的事情。

我们可能问的第一件事情是：有多少行星？直到最近我们才敢相信环绕我们太阳的行星只有那么几颗，因为即使最强大的望远镜也不可能探测到行星。现在我们有很多证据证明其他恒星也有行星，几乎每天都能发现新的"太阳系外"（etra-solar）行星，即环绕某颗恒星（而非太阳）的行星（sol 是拉丁语"太阳"，*extra* 是拉丁语"外"）。

你也许以为，显然用望远镜就能看到行星了。遗憾的是，遥远的行星太暗淡，看不见——它们自己不发光，只是反射恒星的光——所以我们不能直接看到。我们不得不靠间接的方法，而最好的方法还是用前面说的分光镜。原因如下。

当一个大质量物体环绕另一个近似大小的物体时，它们其实是相互绕着对方转的，因为它们施加在对方的引力近似相等。我们仰望天空看见的几颗亮星，其实都是两颗相互环绕的星——叫双星，它们就像一根无形的棍连在一起的哑铃。如果一个物体比另一个物体小很多，如行星环绕恒星的情形，则小的会绕着大的飞，而大的只是象征性地响应一下小物体的引力。我们说地球绕着太阳转，其实太阳也会对地球的引力产生一点儿响应。像木星那么大的行星可以对恒星的位置产生可观的影响。恒星对行星的象征性响

应实在太小，还谈不上"环绕"行星，但也足以被我们的仪器捕捉探测了，即使我们根本看不见那颗行星。

探测恒星运动本身就是有趣的事情。任何恒星距离我们都很遥远，即使用最强大的望远镜也不可能看见它的运动。可有趣的是，尽管我们看不见恒星动，却能测量它动的速度。这听起来很怪，但分光镜恰好能做到。还记得前面说过的多普勒频移吗？当恒星远离我们而去时，它的光会发生红移。当恒星向着我们运动时，它的光会发生蓝移。于是，如果恒星有环绕它的行星，分光镜就会显现有节律的红 – 蓝 – 红 – 蓝的频移模式，通过频移变换的时间可以计算行星年的长度。当然，如果行星不止一颗，问题会很复杂。但天文学家都精于数学，能解决它。我写本书时（2011 年 1 月），这种方法已经探测到了环绕 408 个恒星的 484 颗行星。你读本书时，行星的数量肯定更多了。

还有些别的探测行星的方法。例如，当行星经过恒星表面时，会遮蔽部分表面——就像我们看见的月亮遮挡太阳（日食）一样，只是月亮看起来大得多，因为它距离我们很近。

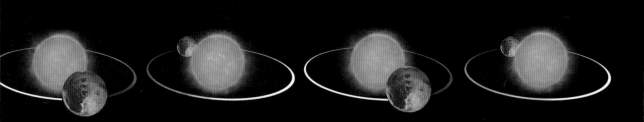

10,000,

当行星来到我们与恒星之间时，恒星会变得暗淡一丁点儿，有时我们的仪器足以探测到那一丝变化。迄今为止，我们已经用这种方法发现了 110 颗行星。还有另外几个方法，发现了 35 颗行星。有些行星是不止一种方法发现的，眼下，在我们的银河系里共有 519 颗行星绕着不同的恒星。

在我们星系里，我们寻找的大多数恒星都有行星。于是，如果假定我们的星系有代表性，那么我们可以得到一个结论：宇宙间多数恒星都有环绕它们的行星。我们星系大约有 1 000 亿颗恒星，我们宇宙大约有同样数目的星系。这意味着恒星总数大约为 100 万亿亿。天文学家认为 10%的已知恒星"像太阳"；不像太阳的恒星，即使有行星，也因为各种理由而不大可能利于生命的存在：

例如比太阳大得多的恒星很快就会爆炸。可是，即使只考虑太阳类恒星的行星，我们也有数百亿亿颗——就这个数也可能低估了。

那么，有多少绕着"恰当恒星"的行星可能适于生命的存在呢？迄今发现的多数"日外行星"都是"朱比特（木星）式"的，意味着它们是气体的庞然大物，主要由高压气体组成。这一点不奇怪，因为我们探测行星的方法通常不能"洞察"比木星更小的物体。我们知道，木星那样的气体巨星是不适合生命的。当然，那并不意味着我们了解的生命就是唯一可能的生命。甚至木星本身也可能存在某些生命呢，尽管我不大相信。我们不知道那数百亿亿颗行星里有多大比例是地球一样的岩石类行星，但即使比例很小，绝对数量也依然很大，因为总数有那么大。

000,000,000,
000,000,000,
000,000,000,

寻找"金发姑娘"

就我们的认识，生命离不开水。还应该清楚，我们只是在关注我们了解的生命，而外星生物学家（寻找外星生命的科学家）现在也认为水是至关重要的——所以他们费了很大气力在太空寻找水的痕迹。探测水比探测生命容易多了。当然，发现了水并不意味着就找到了生命，但那是正确方向的第一步。

　　我们了解的生命，其存在至少需要一定的液态水。冰不行，蒸汽也不行。最近的火星探测发现了它过去（也许现在）存在液态水的证据。其他几颗行星也有水，即使不是液态水。木星的一颗卫星（欧罗巴）被冰覆盖，冰的下面有可能是液态水的海洋。人们过去认为火星是太阳系内最可能适于外星生命的地方，著名天文学家罗威尔（Percival Lowell）甚至画出了火星表面交错的河渠。如今，飞船拍摄了很多详细的火星照片，甚至在那儿着陆了，才发现那些河渠不过是罗威尔的想象。现在，欧罗巴取代了火星的地位，成为太阳系内外星生命最可能的栖息地，但多数科学家认为我们还得寻求更远的地方。有证据表明，水在太阳系外行星并不是特别稀罕的东西。

太冷　　　　　　　　　　　　　　　　　　　　　　　金发姑娘区

温度呢？如果要生命存在，行星应如何调节它的温度？科学家借"金发姑娘与三只熊"的童话故事，把可能适合生命的地带称为"金发姑娘区"（宜居区）：它就像熊宝宝的麦片粥，不冷不热，"恰好"处于两个极端之间（金发姑娘爱喝麦片粥，却嫌熊爸爸的粥太热，熊妈妈的粥太冷）。地球轨道就"恰好"适合生命：它距太阳不太近，否则水就沸了；也不太远，否则水会冻结成固体，而且也不会有充足的阳光哺育花草树木。尽管行星数以百亿亿计，温度和距离"恰好"的却不能指望太多。

最近（2011 年 5 月）发现一颗"金发小姑娘"行星，环绕着距离我们 20 光年远的一颗叫格里泽（Gliese）581 的恒星（就恒星而言不太远，但对人来说那个距离就很漫长了）。那是一颗"红矮星"，比太阳小得多，因而它的宜居区也近得多。它至少有六颗行星，分别叫格里泽 581e, b, c, g, d 和 f。有几颗像地球一样的岩质小行星，其中 581d 若有液态水，就应该在宜居带。我们还不知道它是否真有水，假如真有，很可能是液体而不是冰或蒸汽。没人说 581d 有生命，但我们刚开始寻找就发现了它，这自然使我们认为太空外可能有很多宜居的行星呢。

太热

恒　星

行星的大小如何呢？是否存在某个适合生命的尺度——不大不小，恰到好处？行星的大小——更严格说来应该是行星的质量——决定着它的引力，从而对生命有重大影响。与地球直径相同的行星，如果主要由固态金组成，质量将是地球的3倍，引力也将是我们在地球上感觉的3倍，任何物体（包括任何生命）也会重3倍。这样，朝前迈一步会费很大力气。像老鼠那么大的动物，需要粗壮的骨骼才能支撑它的身体。它走起来笨拙踉跄，犹如一只微缩的犀牛。而真像犀牛那么大的动物，则可能会被它自己的重量压趴下。

金比组成地球的铁、镍和其他主要成分重，而煤却轻得多。如果行星像地球那么大，而主要由煤组成，它的引力大约只有我们地球的五分之一。这样，犀牛那么大的动物可以靠蜘蛛那样的细胳膊细腿儿蹦蹦跳跳，而比最大的恐龙还大的动物，如果其他条件合适，也能快乐地演化。月亮的引力大约是地球的六分之一，难怪穿戴着沉重太空服的宇航员在上面跳着走，看起来怪怪的，真好笑。在引力那么弱的行星上演化的动物肯定是不同的——自然选择会看到那一点。

如果引力太强，像中子星那样，那就不可能有生命了。中子星是坍缩的恒星。我们在第4章说过，普通物质几乎都是空的，原子核之间的距离比核本身的尺度大得多。但在中子星里，"坍缩"意味着所有那些空间都消失了。一颗与太阳质量相同的中子星只是一个城市那么大，所以它的引力强死人了。假如你落到中子星上，你的重量将是地球上的数千亿倍。你会被压趴下，动弹不得。行星只要有中子星引力的一点零头，就能跑到宜居区外——不仅仅是对我们认识的生命，也包括我们可能想象的生命。

看你了

如果其他行星上有生命，它们会是什么样子呢？我们觉得，科幻小说家们似乎有点儿偷懒，都把它们想象成人的模样——只不过让他们的头更大，眼睛更凸，或许再加一对翅膀。大多数科幻的外星生命，即使与人无关，也显然是根据我们熟悉的生物改造的，例如蜘蛛、章鱼、蘑菇。不过也许那不是因为懒惰，也不是因为缺乏想象力，而是真有什么理由认为外星生命，如果有的话（我相信可能有），应该不会与我们差别太大。科幻的外星人都是众所周知的暴眼怪物，所以我拿眼睛来举例。本来也可以说腿、翅膀或耳朵（我甚至奇怪动物怎么没长轮子！）。不过，我还是说眼睛，以此证明我

们并不是因为懒惰才认为外星人也长眼睛。

眼睛是好东西，在多数行星上都一样好。通常说来，光沿直线传播。只要哪儿有光（例如恒星附近），就很容易用光来探路和寻找目标。任何有生命的行星都一定在某颗恒星的附近，因为恒星是显然的生命的能量来源。于是，凡有生命的地方，就很可能有光；凡有光的地方，就很可能演化出眼睛来，因为它太有用了。所以一点儿也不奇怪，眼睛在我们地球上独立经历过几十次演化。

眼睛的演化只有那么多方式，我想每种方式都在我们动物王国的某个地方发生着。有一种摄像眼（左图），犹如一个相机，它有个小暗室，前面开一个小孔，可以让光进来，通过透镜在后面的屏幕——"视网

膜"——聚焦成一个上下颠倒的图像。透镜也不是必须的，一个简单的小孔也能成像，不过孔要足够小，那样通过的光也就很少，于是图像很模糊——除非行星能从恒星那儿获得的光，比我们从太阳获得的更多。这当然是可能的，那样的话，外星人就真的可能生出针孔式的眼睛来。人眼（对页右图）有一个透镜，可以增强聚焦在视网膜的光亮。视网膜覆盖着光敏细胞，它们通过神经告诉大脑。所有脊椎动物都有这种眼睛，摄像眼在其他很多动物（包括章鱼）身上独立演化着，当然也有人类的设计者们发明出来的。

跳蛛（左下图）长着一对复杂的扫描眼，与摄像眼类似，只是视网膜不同——它覆盖的光敏细胞不是宽广的一片，而是狭窄的一条。那条视网膜带附着在移动它的肌肉上，从而可以"扫描"面前的场景。有趣的是，这也有点儿像电视摄像机的行为，因为它只有单一的频道来发送整个图像。它横着向下扫过线路，因为扫描飞快，所以我们接收到的图像看起来是一个整体。跳蛛的眼睛扫描没那么快，它们会偏向"有趣的"景象，如苍蝇，但扫描的原理是一样的。

还有一种叫复眼（右下图），昆虫、虾和其他很多动物都长着复眼。复眼由成百上千的小管子组成，它们从一个半球的中心向外辐射，朝着不同的方向。每个管子覆盖着一个小透镜，可以看成一只微缩的眼睛。但那个透镜不能形成有用的图像：它只是将光聚集在管子上。因为每个管子接收不同方向的光，大脑可以组合它们的信息来重构图像，虽然那图像相当粗糙，但飞行中的蜻蜓足以靠它来捕捉移动的小虫子。

199

我们最大的望远镜用曲面镜而不用透镜，动物眼睛也是用同样原理的，特别是扇贝。扇贝眼睛用曲面镜将图像聚焦在镜面前的视网膜上。这难免会阻挡一些光（反射望远镜也会出现同样情形），但那无关紧要，多数光还是会通过镜面。

科学家能想象的眼睛构成方式主要就是这些，它们都在地球的动物身上演化着，而且多数都演化过不止一次。假如其他行星的生物也能看见东西，它们用的眼睛很可能是我们熟悉的类型。

我们再来发挥一下想象力。在我们假想的外星人所在的行星上，来自恒星的辐射能也许覆盖从长波的无线电波到短波的 X 射线。那么，外星人凭什么把它们局限在我们所谓"光"的那个狭窄波段呢？也许它们长着无线电眼？或者 X 射线眼？

好图像依赖于高分辨率。什么意思呢？分辨率越高，能分辨的像点距离越近。显然，长波不会产生高分辨率。光的波长只有毫米的千分之一，能产生很高的分辨率，而无线电波的波长以米计，对成图而言是太模糊了。当然，它们很适合通讯，因为它们能进行调制。调制意味着我们能以可控的方式

快速地改变它们。就目前的知识，我们地球还没有生物演化出自然的传输、调制和接收无线电波的系统，那还要靠人类的技术。但也许其他行星的生命已经自然形成了无线电通讯系统。

那么，比光波更短的，如 X 射线呢？ X 射线难以聚焦，所以我们的 X 射线机器形成的阴影不是真图像，但其他行星的某些生命形式未必不能产生 X 射线图像。

任何图像都依赖于光线沿直线（或至少是可预测的路线）传播的事实。如果光线随处都散射（如雾中的光线），那就不好了。如果行星总被厚厚的云雾覆盖，将不利于眼睛的演化。在那种情形，倒可能会促进其他回应系统的运用，例如蝙蝠、海豚和人造潜水器用的"声纳"。河豚是声纳高手，因为水太浑浊，犹如雾沉沉的空气。声纳在地球动物里至少演化过四次（蝙蝠、鲸鱼、两种不同的穴居鸟类）。如果看到声纳在其他行星（特别是浓雾笼罩的行星）的生物中演化，也一点儿不奇怪。

或者，也许外星生命已经演化出了一些能运用无线电通讯的器官，它们可能还演化出了真正的能在浓雾中寻路的雷达。在我们地球上，有些鱼就能利用它们产生的电场的扰动来寻找路线。实际上，这个技能独立演化过两次，一次是在一群非洲鱼，另一次是在一群南美洲鱼。鸭嘴兽的喙长着电感器，能探测猎物的肌肉活动造成的电磁扰动。很容易想象某种外星生命会演化出像鱼和鸭嘴兽那样的敏锐的电感能力，不过水平更高。

本章不同于本书的其他章节，因为它突出的是我们不知道的，而不是我们知道的。尽管我们尚未发现其他行星的生命（也许永远发现不了），我还是希望你能明白科学家能告诉我们多少宇宙的事情，从中获得一些启示。我们向其他地方寻找生命不是盲目和随机的：我们的物理学、化学和生物学知识会指引我们从遥远的恒星和行星找出有意义的信息，认出至少可能存在生命的行星。我们还有很多幽深的疑难，我们不太可能揭示如我们这个庞大宇宙的一切奥秘；但有了科学的武装，我们至少能提出敏感的有意义的问题，当找到答案的时候，我们能认识它们。我们用不着凭空杜撰虚假的故事，真正的科学探索和发现能永葆我们的想象力，给我们带来乐趣和兴奋，那最终将比幻想更令人激动。

WHAT IS AN EARTH

地震是怎么回事儿？

假如你正静静地坐在屋里，读书、看电视或玩儿电脑游戏。突然传来一阵可怕的轰隆隆的声音，房子开始摇晃，吊灯在天花板上狂野地摇摆，架子上的装饰品稀里哗啦往下落，家具在地板上冲撞，你从沙发上滑落下来。大约两分钟后，一切复归平静，只有受到惊吓的孩子的啼哭和小狗的狂吠。你站起身来，觉得自己很幸运，房子没有倒塌。

那么强的地震，它挺过来了。

我开始写这一章的时候，加勒比海的海地岛刚遭遇了一次毁灭性的地震，首都太子港也遭到重创，据说死了 23 万人，很多无家可归的孤儿还在街头流浪，或生活在临时营地。

后来，我修改书稿时，日本东北海滨发生了更强烈的地震。它引起滔天的巨浪——"海啸"——横扫沿海城镇，带来了难以想象的毁灭，数以千计的人死亡，数百万人无家可归，另外还导致了被地震破坏的一座核电厂的核燃料泄露。

QUAKE?

HAITI
BY EDW^T WELLER, F.R.G.S.

海地

　　地震和地震引发的海啸，在日本经常发生（海啸的英文 tsunami 就是日语发音的词儿），但在历史上也没有如此惨烈的经历。首相称它是第二次世界大战（原子弹毁灭了广岛和长崎两座城市）以来最痛苦的国家灾难。实际上，地震在整个太平洋边缘都很寻常——就在日本地震一个月前，新西兰的克赖斯特彻奇才遭遇过一场地震，伤亡损失惨重。这条所谓"太平洋火山带"还包括美国西部和加利福尼亚的大部分地区，那儿的旧金山在 1906 年发生过一次著名的地震。更大的洛杉矶也在地震的威胁之下。

地震来时会发生什么？

我们可以从电脑模拟体验一下洛杉矶附近发生大地震的情形。模拟是对未发生（但根据科学可能发生）事件的一种视觉化预言——是计算机做的一种"假如"影像。影像会向你展示未曾发生过的事件，你可以从它看到假如发生会怎样——而那总有一天会发生的。

这儿的图片是从模拟截下的两列情景。每页左边的图带是从北朝南俯瞰的地域，并标记了洛杉矶的区域。头两幅图中，从底部生出的红黄斑点是地震开始的地方，叫"震中"。图中蛇行向上的红色细线是圣安德列斯断层，我等会儿说它。现在我们只将它看做大地的一道裂缝，是地球表面的一个薄弱带。

右边宽幅的系列图不是地图，而是假定在飞机上从洛杉矶朝东南方向（朝群山和红色标记的震中）看到的景象。

假如你在自己的电脑模拟，你会看到一些可怕的东西。你会在地图上看到红色震中"涌向"圣安德列斯断层（蓝色、绿色和黄色的波代表强度变化的地震），并向断层两

边扩散。大约 80 秒后，红色的地震中心到达洛杉矶所在的点，黄色和绿色的地震波则正在穿过城市。再过 10 秒钟后，红色地震波到达洛杉矶市中心。这时你可以从右边的"从飞机上鸟瞰"的图看到实际发生的情况——那是一幅异乎寻常的图像，整个景观犹如一片液体，看起来好像波涛正在浮过海洋。波在固体的大地穿行，就像它们穿过海洋一样，这就是地震！

假如你就在地面，你不会看到波动，因为你离它们太近，而且在它们面前太渺小。

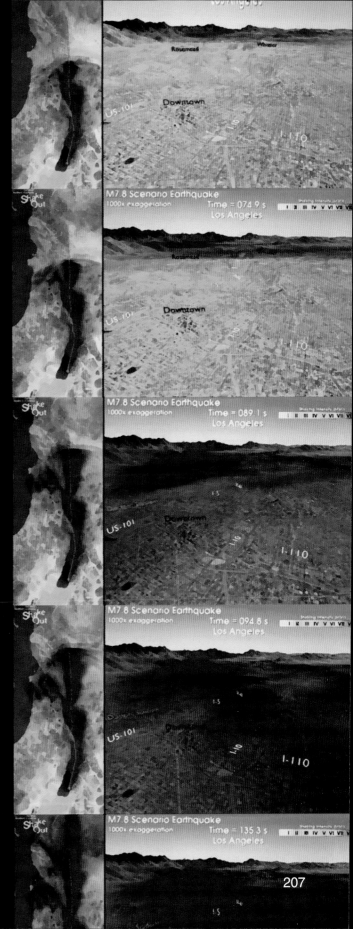

你只会感觉脚下的土地在运动和摇晃，和我在本章开头描述的一样。假如摇晃真的很强烈，你的房屋就会倒塌。

模拟中的色彩叫"假彩色"，只是计算机用来区别地震在不同地方的强度。蓝色意味着弱，红色意味着强，而黄色和绿色介于强弱之间。颜色有助于我们看见地球表面的波动——以及波动的速度。"红色"震中以大约每小时 8 000千米的速度咆哮着奔向圣安德列斯断层。

我说过，这只是计算机模拟，不是地震的影片。计算机夸大了运动的幅度，看起来比实际情况恶劣千倍。但那仍然是非常可怕的。

我等会儿要解释地震究竟是什么，断层又是什么（如圣安德列斯断层和地球上的其他类似的东西）。不过，我们还是先来看几个神话。

如果你接通了网络，可以看下面的影片：

www.booksattransworld.co.
uk/dawkins-earthquake

207

地震神话

先讲两个可能源于一场特别地震的神话，那地震在历史的某个时刻真的发生过。

犹太传说告诉我们希伯来神是如何摧毁了所多玛和蛾摩拉两座城市，因为生活在那儿的人太邪恶了。

城里唯一的好人叫罗得。

神派来两个天使警告罗得赶紧离开所多玛。

罗得和家人赶在上帝向所多玛洒下烈火和硫磺之前，跑进了山里。老天不许他们向后看，可不幸的是，罗得的妻子不听神谕，回头看了一眼。于是上帝立刻将她变成一根盐柱——听人说今天还能看见。

有考古学家宣称他们发现了证据，证明在 4 000 多年前所多玛和蛾摩拉所在的区域确实发生过强烈地震。

如果真是那样，城市被毁的传说可能就属于我们的地震神话。

另一个源于某个地震的圣经神话是杰里科的陷落。杰里科位于以色列死海北边，是世界上最古老的城市之一。它在近代还遭遇过地震：1927 年，在它的邻近发生过一次强烈地震，危及了大片区域，大约 25 千米外的耶路撒冷死亡数百人。

古老的希伯来故事告诉我们，几千年前，有个叫约书亚的英雄想征服杰里科的居民。

杰里科有厚实的城墙，人们关在城里，躲避攻击。约书亚的人破不了城墙，就命令他的牧师吹羊角号，所有的人都声嘶力竭地喊叫。

威猛的喊声震垮了城墙，约书亚的士兵冲进城里大肆屠杀，不管男女老幼，甚至连牛羊和驴也不放过。

他们还放火烧光了整座城市，只遵照神的旨意，留下金银献给神。从神话的叙述方式看，这是好事：约书亚的人的神希望它发生，这样他的人民才能占领杰里科人的土地。

因为杰里科是地震易发地，今天人们认为约书亚和杰里科的传说也许源于一场古老的地震，是它震垮了城墙。你很容易想象，一场灾难性的地震，从民间记忆代代相传，直到人们将它写出来，经过了多少夸大和歪曲，最终演绎出伟大的民族英雄约书亚，还有那震天的羊角声。

我刚才讲的两个神话都源于历史上特殊的地震。世界上还有很多神话是人们为了认识地震而编出来的。

日本屡经地震，所以它有着多彩的地震神话。

一个神话说，大地浮在一头鲶鱼背上，当它摇摆尾巴时，地球就会摇动。

远在万里以南的新西兰的毛里斯人，几千年前划着小木筏来到那里，他们相信大地母亲怀着孩子（即他们的神"阿如"）。当肚子里小宝宝踢腿儿或伸展身体时，地震就发生了。

再看北方，一些西伯利亚部族相信大地坐在雪橇上，一个叫图尔的神指挥几只狗拉着它。可怜的狗长了跳蚤，它们挠痒痒时，就会来地震。

在西非的一个神话里，大地是个圆盘，一边是大山撑着，另一边是巨人举着，巨人的妻子则举着天。当巨人夫妻吵架时，你可以想象，地球就会动起来。

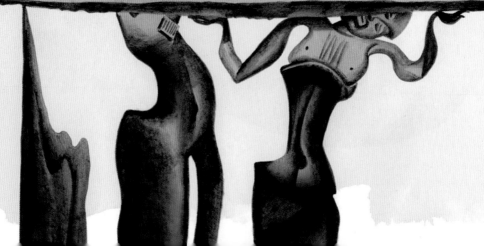

其他西非部落则相信他们生活在巨人的头顶。森林是巨人的头发，人和动物犹如在他头上活动的跳蚤。地震就是在巨人打喷嚏时发生的。

虽然我怀疑他们是否真的相信，至少人们认为他们是那样的。

今天我们知道地震真的是什么，现在我们就抛开神话，看看真相。

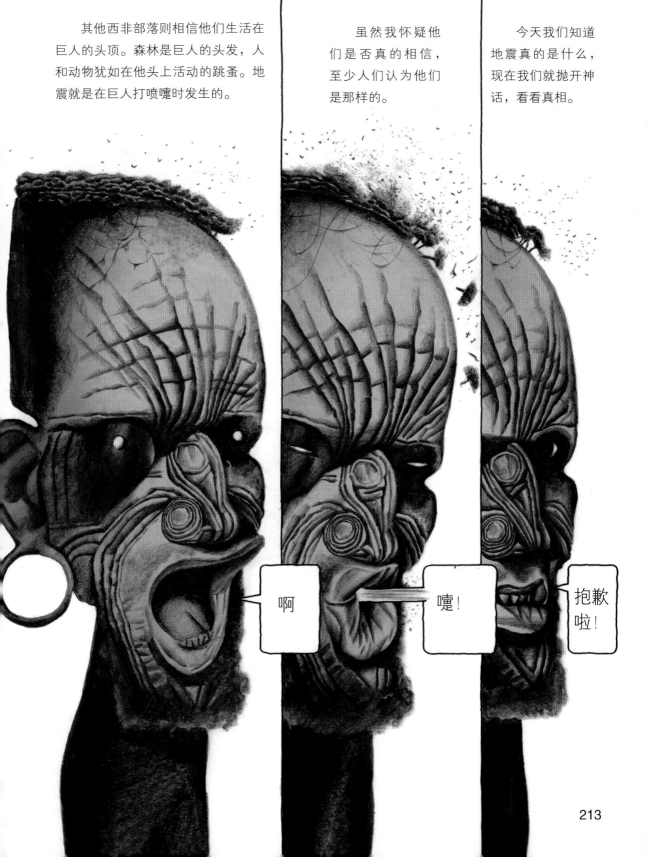

213

WHAT EARTHQUAKES REALLY ARE

地震究竟是什么？

首先，我们来听听不同寻常的板块构造的故事。

谁都见过世界地图的样子。我们知道非洲的形状与南美洲的形状，知道广阔的大西洋将它们分开了。我们都认识澳大利亚，知道新西兰在它的东南。我们知道意大利像一只靴子，仿佛踢着一只西西里的足球。还有人认为新几内亚像一只鸟。我们可以很容易认出欧洲的轮廓线，尽管它内部的边界在不断改变。在千年历史中，帝国不断更替，国境线变化无常，但各个大陆本身的轮廓不曾改变。是吗？哦，不，不是的，这可是一个大问题。它们一直在运动，虽然运动的速度的确缓慢；山脉的位置也在变化，如阿尔卑斯、喜马拉雅、安第斯、落

今日世界 ▼

新几内亚

基山，等等。准确地说，这些地理特征在人类历史的尺度上是不变的，但地球本身——如果它能思考——却从不那么想。有文字的历史只有 5 000 年，百万年前（比书写历史长 20 倍），大陆的形状，从肉眼看来也和今天的一样。但 1 亿年前是什么样子呢？

看下面的地图！与今天相比，南大西洋只是一条狭窄的运河，你几乎可以从非洲游泳到南美洲。北欧几乎连着格陵兰，而格陵兰几乎连着加拿大。看印度在哪儿呢：它那时还不是亚洲的一部分，而是紧挨着马达加斯加，斜靠在它的边上。与我们今天看到的"昂扬向上"的姿态相比，那时的非洲也一样倾斜着。

想到这些，当你看地图时，是否关注过南美的东边很像非洲的西边，它们仿佛"想"像拼图一样结合起来？事实上，假如我们稍微走远一点儿（例如回溯 5 000 万年，那对漫长的地质时代而言只是"一点儿"而已），我们会看到它们原来的确是连在一起的。右下边的地图表现了 1.5 亿年前南半球大陆的样子。

非洲和南美洲是完全结合在一起的，不仅它们在一起，也包括马达加斯加、印度和南极洲——还包括澳大利亚和新西兰，在南极洲的另一面，从这张图上看不见。它们整个是一块大陆，叫冈瓦纳（当然，那时不叫冈瓦纳，生活在那会儿的恐龙不会给事物起名字，是我们今天称它为冈瓦纳）。冈瓦纳后来分裂了，生成一个又一个儿女大陆。

这真像一个故事，是吧？我的意思是，那么巨大的陆地能移动数千千米，真是不可思议——但我们现在知道那确实发生了，而且知道是怎么发生的。

1 亿年前的世界 ▼　　　　　　　　　　**1.5 亿年前的世界** ▼

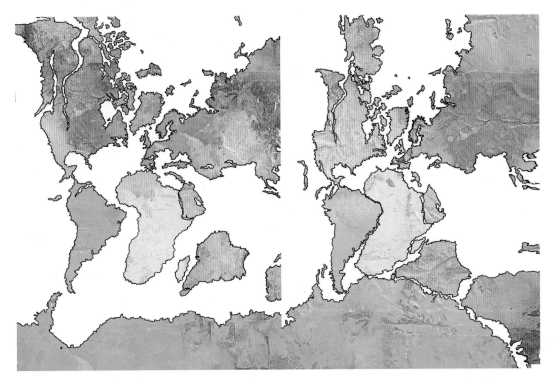

地球如何运动?

我们也知道大陆不仅会分离,有时也会撞到一起。碰撞发生时,会形成巨大的山系直插云霄。喜马拉雅山就是印度与亚洲碰撞时形成的。实际上,印度并不真的与亚洲碰撞。我们会看到,与亚洲碰撞的是更大的东西,叫"板块",印度只是坐在板块上。所有大陆都坐在那样的"板块"上。我们等会儿再说板块,不过先还是补充一点关于"碰撞"和大陆分离的事情。

你听说"碰撞"之类的字眼儿时,也许会想到猛然的撞击,如卡车撞了小轿车。大陆的碰撞可不是那样——过去不是,现在也不是。大陆的运动慢得令人难过,有人说,它慢得像手指甲的生长,你根本看不见它在长。但如果等几个星期,你会看到它长出来了,就该剪指甲了。同样,你看不见南美正在离开非洲,但过 5000 万年后,你会发现两个大陆已经分离很远了。

"指甲生长的速度"是大陆移动的平均速度。但指甲是以很均匀的速度生长的,而大陆运动是颠簸式的:一会儿急,一会儿停,停了百年左右,当压力驱动时,它又加速起来,然后又停,如此往复。

也许现在你已经猜到地震是怎么回事儿了?是的:地震就是大陆颠簸时我们感觉到的运动。

我是作为已知的事实告诉你的,可我们是怎么知道的呢?我们是什么时候第一次发现它的呢?那是一个迷人的故事,我现在就告诉你。

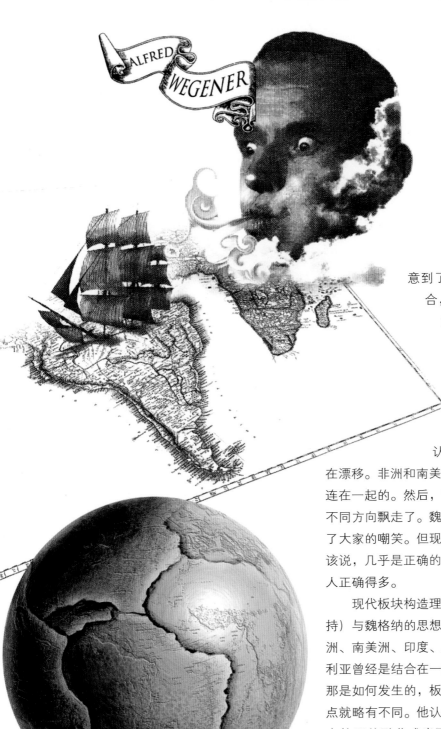

过去，很多人都注意到了南美与非洲的拼图式缝合，但他们不知道它有什么意思。大约 100 年前，德国一个叫魏格纳（Ari-ad Wegener）的科学家提出了大胆的建议。那个建议确实太猛，多数人说他疯了。魏格纳认为，大陆就像大船一样在漂移。非洲和南美洲与其他南方大陆原来是连在一起的。然后，它们分开了，在大洋里朝不同方向飘走了。魏格纳就是那么想的，遭到了大家的嘲笑。但现在证明他是正确的——应该说，几乎是正确的，而且肯定比笑他的那些人正确得多。

现代板块构造理论（得到了大量证据的支持）与魏格纳的思想不完全一样。魏格纳说非洲、南美洲、印度、马达加斯加、南极和澳大利亚曾经是结合在一起的，这当然是对的。可那是如何发生的，板块构造理论与魏格纳的观点就略有不同。他认为大陆乘着海洋一起漂浮在软弱的融化或半融化的地壳上（而不是水上）。现代板块构造理论则认为整个地壳（包括海底）是一个完整相互交接的板块系列（有点儿像"装甲钢板"）。所以，运动的不仅仅是大陆，还有它们所在的板块，地球表面的一切都是板块的组成部分。

地球的主要构造板块

板块的大部分面积都在海洋下面，我们认为大陆的陆地块体是板块超出海面的高地。非洲只是更大的非洲板块的顶部，而板块延展的范围相当于半个南大西洋。南美洲是南美板块的顶部，这个板块相当于另外半个南大西洋。其他板块有澳大利亚板块、欧亚板块（包括欧洲和除印度外的亚洲）、阿拉伯板块（很小，插在欧亚板块和非洲板块之间）、北美板块（包括格陵兰和北美洲，延展达半个北大西洋洋底）。另外还有些板块几乎没有冒出水面的陆地，如太平洋板块。

北美板块

胡安·德富卡板块

加勒比板块

科科斯板块

南美板块

纳斯卡板块

太平洋板块

斯科舍板块

南极板块

欧亚板块

阿拉伯板块

印度板块

菲律宾板块

非洲板块

澳大利亚板块

219

从图中你可以看到，南美板块与非洲板块的分界线恰好在南大西洋的中央，距离两块大陆不过几千米。记住，板块包括洋底，这意味着它是坚硬的岩石。那么，南美与非洲在 1.5 亿年前是怎么靠在一起的呢？在这一点上，魏格纳没有疑问，因为他认为大陆本身是漂浮着的。但假如南美和非洲曾经是靠在一起的，板块构造该如何解释海底下的岩石是如何分离的呢？难道岩石板块的海底部分会生长吗？

南美板块

非洲板块

大西洋中脊

南美洲

南美板块
传送带
←

海地扩张

是的。答案在于"海地扩张"。你见过大型机场里将扛着大包小包的旅客从出口送到客运站或候机楼的移动人行道吧？旅客不必走路，传送带就送他到下一个点。机场的自动人行道只够两个人并列，我们现在想象一个数千里宽的几乎从北极通向南极的自动人行道，再想象它的运动不是我们步行的速度，而是指甲生长的速度。是的，你可能猜到了，南美洲连同整个南美板块，都在洋底的一个从远北向远南的大西洋延伸的传送带上，被它带着离开非洲和非洲板块，运动当然非常缓慢。

非洲呢？为什么非洲不在相同方向运动呢？为什么它不与南美板块同步呢？

答案是，非洲在另一条传送带上，沿相反的方向运动。非洲的传送带从西向东，而南美的传送带从东向西。那么，它们中间发生了什么呢？下次你去机场时，在踏上自动人行道前先停下来，观察一下。它从地板的缝里生出来，然后离开你。它是一条带子，循环地运动，在地板上向前，而从地板下回来。现在想象另一条传送带，同样从那个缝里出来，但朝相反方向运动。如果你一只脚踏在一条带上，另一只脚踏在另一条带上，你会被它们分开。

大西洋底也有同样的一条裂缝，从远南向远北延伸，它叫大西洋中脊。

从大西洋中脊生出的两条"传送带"朝着相反的方向，一个载着南美平稳向西，另一个载着非洲向东。与机场的传送带一样，移动构造板块的巨大传送带在地球深部循环。

南美板块
传送带

非洲板块
传送带

大西洋中脊

对流　　　　　　　　　地幔

下次你去机场，上自动人行道时，想象你就是非洲（或南美，随你便）。当你到达另一头时，下来观察一下传送带是如何转入地下回到你刚才的起点的。

机场的传送带是电机驱动的，那么载着地球板块和大陆的传送带靠什么驱动呢？在地表下面深处存在所谓的对流。什么是对流呢？你家里可能有电动对流加热器，这儿的图说明了它是怎么给房间加热的。它加热空气，热空气因为比冷空气轻所以上升（热气球就是这么工作的）。热空气升到天花板时不能再上升了，

非 洲

对 流

被后来上升的新热气排挤到旁边。空气向两旁运动时，开始变冷，然后下沉。它沉到地板时，又沿着地板向两旁爬行，被加热器捕获后又开始上升。这个解释太简单了，但基本意思就是：在理想条件下，对流加热器可以让空气一圈一圈地流动——循环。这种循环的流动就叫"对流"。

水也有同样的现象。其实，任何液体或气体都能发生对流。可是地表下面怎么会有对流呢？它不是液体，不是吗？是的——它有点儿像液体。它不是像水一样的液体，而有点儿像浓稠的蜂蜜或糖浆。那是因为它太热，所有东西都融化了。热量来自地下深处。地球中心其实非常热，直到接近地表都还很热。有时热会在我们称为火山的地方喷发出来。

热驱动

板块由坚硬的岩石构成，而且多数都在海底。每个板块都有几千米厚，那么厚的板块层叫岩石圈。不管你信不信，岩石圈下是更厚的一层，虽然不叫浆液圈，其实也许差不多（它叫"上地幔"）。岩石圈的坚硬的岩石板块可以说是"漂浮"在那层浆液上的。糖浆液内部和下部的热量导致慢得像煎熬一样的浆液对流，正是这些对流携带着漂浮在上面的巨大岩石板块。

对流的路线有多复杂，我们可以想想不同的洋流或气流（风），它们都是高速的对流。所以我们一点儿不惊讶，地球表面上的不同板块会漂向不同的方向而不会像旋转木马一样转圈圈。我们也不惊讶板块会相互碰

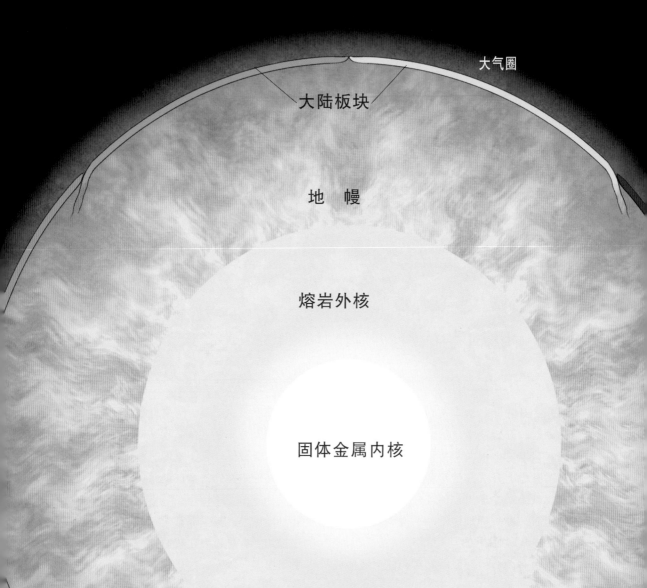

大气圈

大陆板块

地　幔

熔岩外核

固体金属内核

撞、分离、错动，或者一个板块陷到另一个下面。我们同样不惊讶地震时我们感觉的巨大力量——粉碎的力量、扭曲的力量、咆哮的力量、摧毁的力量。地震尽管可怕，奇怪的是它们不会更可怕了。

有时运动的板块会滑到相邻板块的下面，这叫"俯冲"。例如，部分非洲板块就在向欧亚板块俯冲。这是意大利多地震的原因之一，也是维苏威火山在古罗马喷发并毁灭庞贝和赫库兰尼姆古城的原因（因为火山倾向于沿着板块边缘生长）。当印度板块不断向欧亚板块俯冲时，喜马拉雅山脉（包括珠穆朗玛峰）被越抬越高。

我们从圣安德列斯断层说起，也让我们在那儿结束吧。圣安德列斯断层是太平洋与北美板块之间的一条长长的几乎笔直的"滑动线"。两个板块都朝西北方向运动，但太平洋板块运动更快。洛杉矶市位于太平洋板块而不是北美板块，它正不停地爬上旧金山（大部分位于北美板块）。这一大片区域是预期的地震多发区，专家们预言未来十年左右会有一场大地震。幸运的是，加利福尼亚不同于海地，它有良好的装备应对地震受害者遭遇的可怕困境。

总有一天，洛杉矶的一些部分会在旧金山终结，但那是遥远的事情了，我们没人能活着看到那一天。

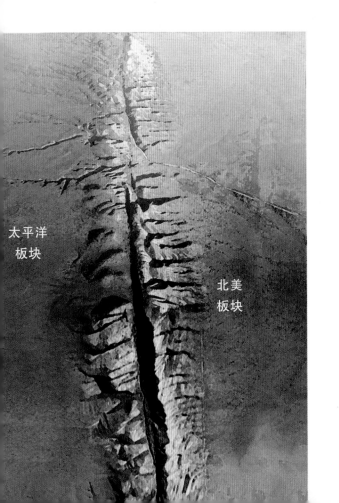

太平洋
板块

北美
板块

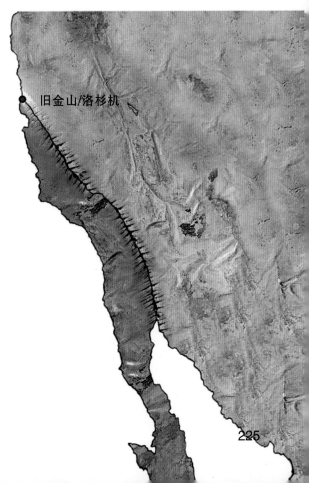

旧金山/洛杉矶

225

为什么有坏事发生？

为什么会发生坏事呢？经历了一场可怕的灾难（如地震或飓风）过后，你会听到人们的议论：

"太不公平了！那些可怜的人做什么了，竟会那么倒霉？"

"老天不公！"

或者说

"公理何在呀？"

如果哪个真正的好人得病或死了，而真正的坏人却活得自在舒坦，我们也会大喊：

我们多少都感觉总该有一种自然公平在吧。好事应该落在好人头上，如果坏事难免，那就只该发生在坏人身上。在王尔德（Oscar Wilde）的喜剧《不可儿戏》里，家庭老教师普丽森小姐解释说，很久以前，她写过一部小说。别人问她结局是否幸福，她回答："好人幸福，坏人遭殃。那才是小说的意义。"现实生活就不同了。坏事总要发生，不管好人还是坏人。为什么呢？为什么现实生活不像普小姐的小说呢？为什么会有坏事发生？

很多人相信他们的神灵本想创造一个理想的世界，可遗憾的是出了差错——至于哪儿错了，有多少人就有多少想法。西非的多贡人相信世界开始时有一个宇宙蛋，它孵化出一对双胞胎。假如双胞胎同时出生，一切都好了。不幸的是，有一个出来早了，破坏了神的完美计划。在多贡人看来，那就是坏事的起因。

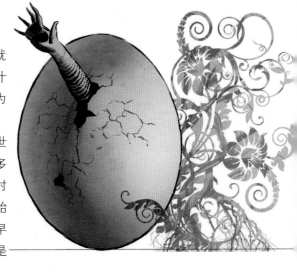

有很多关于死亡如何降临世界的传说。在整个非洲，

不同种族的人都相信神把永生的消息传给了变色龙，让它传达给人类。遗憾的是，变色龙走得太慢（我知道这是真的：我小时候在非洲养过一只叫胡卡利亚的变色龙当宠物），跑得更快的蜥蜴（在其他传说里，是别的跑得更快的动物）先送来了死亡的消息。在西非的一个传说中，生的消息是慢吞吞的蛤蟆传达的，不幸的是被传达死的消息的狗给追上了。我要说的是，我有点儿疑惑：为什么消息达到的次序那么要紧呢？不管什么时候到，坏消息就是坏消息。

疾病是特殊的坏事，它本身就引出了好多神话。一个原因是，在很长时期里，疾病都很神秘。我们的祖先在面临其他危险时——如狮虎猛兽、部族敌人和饥荒，能看到它们的到来，而且认识它们。可是，像天花、黑死病或疟疾，似乎从天而降，没有一点征兆和警告，而且不知道怎么抵御它们的进攻。这才是可怕的神秘。这些病从哪儿来？我们做错什么了竟会遭受那痛苦的死亡、要命的疼痛和可怕的麻点？一点儿不奇怪，当人们费了好大力气还是不能认识和防治疾病时，只好求助迷信了。直到近些时候，在很多非洲部落，如果谁病了或有了得病的孩子，就会主动去找一个魔法师或巫师，听从他们的训诫。如果我的孩子病了，一定是因为敌人买通巫婆给他下了符咒，也可能因为我不能在孩子出生时献出一只山羊，或者因为一只绿色毛毛虫从我跟前的路上爬过时，我忘了吐出那小妖怪。

在古希腊，得病的朝圣者要在祭祀医神阿斯克勒庇俄斯（Asclepius）的庙里待一夜。他们相信神会治愈疾病或托梦告诉他们如何解除病痛。即使今天，也有相当多的病人跑到卢尔德等地方去，他们在那儿跳进圣池，希望圣水能治疗他们（其实，我怀疑他们更可能是从池子里的其他人那儿得到什么东西）。过去140年里，有大约2亿人去卢尔德祈福。很多情况下，他们没什么错，庆

幸的是，他们多数都好了——其实，不管去不去，都会好的。

希波克拉底（Hippocrates）是古希腊"医学之父"，以他名字命名的誓言说，好医生应该多观察。他相信地震是疾病的重要起因。在中世纪，很多人都相信行星相对于恒星的运动会导致疾病。这是所谓占星学信仰体系的组成部分。尽管它看起来很荒谬，但至今还有不少追随者。

关于健康和疾病的流传最久远的神话，从公元前 5 世纪一直流传到公元 18 世纪，是四种"液体"的神话。生物学里，液体与"心情"（humour）是同一个词儿，我们说"他今天好心情"（in a good humour）时，就用了那个意思，尽管人们今天不再相信那背后的意义。那四种液体是黑胆汁、黄胆汁、血液和黏液。过去认为健康依赖于它们之间的良好"平衡"，你今天还能从庸医那儿听说类似的话，他们会在你头上舞动双手，以"平衡"你的"能量"或"穴位"。

四种液体的理论当然不能帮助医生治病，但可能也无大碍，除非真的给病人"放血"。医生用尖利的柳叶刀划开血管，将一定量的血液抽到一个特殊的盆子里。这当然会加深可怜患者的病情（华盛顿就是那么死的）——但医生对古代的体液神话坚信不疑，一次又一次重复着他们的实践。更要命的是，人们不仅在生病时放血，有时还要求医生预先为他们放血，指望那样能躲过疾病。

我上小学时，有一次老师要我们想为什么会生病。一个男孩儿举起手来，说那是因为"罪孽"！即使今天也有很多人认为就是罪孽之类的东西引发那么多坏事。有神话说，世上有坏事，是因为我们祖先很久以前

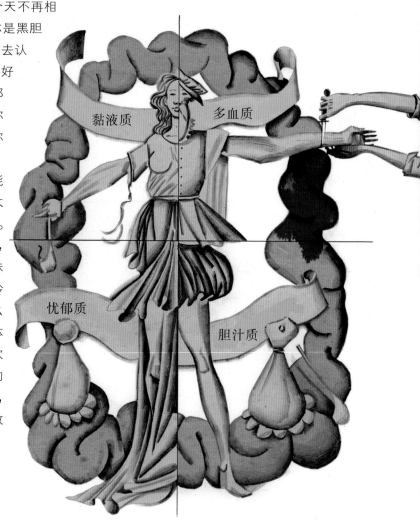

黏液质　多血质

忧郁质　胆汁质

做过邪恶的事情。我
前面说过关于人类祖
先亚当和夏娃的犹太
神话，你可能还记得，
亚当和夏娃做过一件很可怕的事情：他们听了蛇的诱
惑，吃了树上的禁果。这个神话的罪孽一直在历史上
流传，至今还有人认为它是今日世界的一切坏事
的祸根。

很多神话都讲神与魔的对抗。魔是世上所有坏
事的源头。也许有一个大魔头之类的邪恶精灵在与
善良的众神战斗，如果没有神与魔之间的斗争，坏
事就不会发生了。

实际上，为什么会有坏事发生呢？

有些事情为什么就要发生呢？这个问题很复杂，但比"为什么会有坏事发生"的问题更合理。这是因为没有理由把坏事单独拿出来引人注意，除非坏事发生得比我们预期的偶然事件多，或者除非我们认为存在某种自然公正，那意味着坏事只应该发生在坏人身上。

坏事比我们预期的应该偶然发生的次数多吗？如果是，我们确实需要解释。你可能听人笑话过"墨菲律"，有时也叫"倒霉律"，它说的是："如果你扔一块抹了橘子酱的面包片在地板上，总是抹了酱的那面着地。"或者，更一般地说，"如果一件事情可能出错，那它就会错。"人们常笑话这个定律，但有时你会觉得他们并不只拿它当笑话，他们似乎真的相信世界会跟他们过不去。

我为电视纪录片做过大量拍摄，外景拍摄时可能出错的就是讨厌的噪声。如果飞机在远处轰鸣，拍摄就得停下来，等它飞走，真是气死人。拍先民生活的古装戏时，一丝飞机轰鸣都会把戏给毁了。拍电影的人有一个迷信，认为飞机专挑人家需要安静的时候从头顶飞过，他们只好认倒霉了。

最近，我工作的一个摄制组选了一个我们认为噪声应该最小的地方，是牛津附近的一大片空草地。我们一大早就到那儿了，为的是双重保险——可是，当我们到的时候，才发现一个孤独的苏格兰人在那儿吹风笛（也许是老婆不许他在家里吹）。"真倒霉！"我们不约而同惊呼起来。当然，事实是噪声在多数时候都存在，而我们只是在它令人恼火的时候（如拍片的时候）才注意到它。我们留意烦心的事情是有偏向的，而这使我们感觉世界在故意招惹我们。

在面包片的情形，抹黄油的那面更多着地，其实并不奇怪，因为桌面不太高，而面包片开始是抹油的面向上，它着地之前通常刚好旋转一半。但面包片的例子只是为了更形象地表述下面更令人沮丧的概念：

如果一件事情会出错，那就会出错。

倒霉律还有一个更好的例子："扔硬币时，你越想扔出正面，它越可能出现背面。"

那至少是一种悲观的念头，而乐观者认为你越想正面，就越可能出现正面。也许我们可以称它为"快乐律"——它乐观地相信事情通常会变好的；它也可以叫"潘格罗斯律"，那是法国作家伏尔泰创造的一个角色。他的"潘格罗斯博士"认为，"在这个所有可能世界的最美好世界里，一切都是为了最美好。"

如果那样讲，你会很快看到倒霉律和快乐律都毫无意义。硬币和面包片并不知道你的愿望有多强烈，它们不会故意跟你过不去——也不会故意顺从你。而且，一个人的坏事可能是另一个人的好事。两个对决的网球选手都热切祈祷胜利，但总有一个会失败！我们没有特殊理由问"为什么会有坏事发生？"或者，"为什么会有好事发生？"它们背后是一个更一般的问题："为什么有些事情会发生？"

运气、机会和原因

　　人们有时说，"凡事都有理由。"这话有一定道理。每件事情的发生确实都有原因——就是说，事件有原因，而起因总在事件之前。海啸发生是因为海底地震，而地震发生是因为地球构造板块的移动，我们在第 10 章说过的。这就是凡事都有理由的真正意思：其"理由"的意思就是"过去的原因"。但人们有时说"理由"，指的是不同的意思：有点儿像"目的"。例如他们会说：

　　海啸是对我们原罪的惩罚。

或

　　海啸的理由是为了毁灭脱衣舞会、迪斯科和酒吧等罪恶场所。

　　令人惊讶的是，人们常常为事情找这些毫无意义的理由。

　　也许那是从孩提时代留下的印迹。儿童心理学家证明，问小孩为什么有些岩石长着小尖儿，他们不会相信科学的解释，而喜欢听这样的回答："那样动物发痒时，就可以在上面摩擦身体。"多数孩子都是听那样的解释长大的。但相当多的大人在大难不死之后（如幸运地逃过了地震）似乎也摆脱不了这类解释。

"厄运"又如何呢？有厄运或好运那样的东西吗？会有人比其他人更幸运吗？有些人常说"走霉运"，说"最近我太倒霉了，我该有点儿好运的"。或者说"某某太不幸了，倒霉事儿似乎老是找她"。

"我该有点儿好运的"，是误会"平均律"的一个例子。在板球比赛中，哪个队开球，会有很大的不同。两个队长扔硬币决定谁先开球，各队的支持者都希望本队能赢。在最近一场印度与斯里兰卡的比赛前，雅虎网页提出下面的问题：

> 多尼（Dhoni，印度队长）这次扔硬币还会幸运获胜吗？

在他们收到的答案里，下面一个被选为"最佳答案"（我不明白它当选的理由）：

> 我坚信平均律，所以我赌桑加库拉（Sangakkura，斯里兰卡队长）这回能赢。

你能看出这儿的无聊吗？在以前的系列比赛中，多尼每次都赢了。硬币应该是没有偏爱的，所以根据被误会的"平均律"来说，它应该让一直幸运的多尼输一次，挽回平衡。换句话说，这回轮到桑加库拉赢了。或者说，假如多尼又赢了，那就是不公平的。但事实是，不管多尼以前赢过多少，他这回赢的机会还是 50：50。这儿根本不存在"轮流"或"公平"的事情。我们可以关心公平与不公平，但硬币不管输赢！往大里说，宇宙也不管。

确实，如果你扔 1 000 次硬币，可以预料大约有 500 次正面，500 次背面。但假如你已经扔了 999 次，而且每次都是正面，那么最后一次结果如何呢？根据对"平均律"的普遍误会，你会赌它是背面，因为该轮到背面了，如果还是正面就太不公平。但我会赌正面，如果你够聪明，也会这么下注的。一个 999 次正面的序列意味着有人对硬币做了手脚，或者用了特别的动作。被误会的"平均律"毁了很多赌徒。

当然，你可以事后诸葛亮地说，"桑加库拉输了，是运气太差，印度人赢了，说明他们硬币扔得漂亮，才赢那么多。"没问题。你的意思无非说这回赢的意义不一样，所以不管谁赢这特别的一轮，都是靠好运气。我们不该说的是，因为多尼以前赢得太多，所以这回轮到桑加库拉了！我们也不能说类似这样的话："多尼虽然是位优秀的板球选手，但选他当队长的真正原因是他扔硬币的运气好。"扔硬币的运气不是每个人都有的，你可以说一个板球队员是好击球手或坏投球手，却不能说他会不会扔硬币！

同样的理由，如果你以为在脖子上带幸运符或者将手指交叉在背后，就能增加运气，那是毫无意义的。这些事情不会有任何效果，顶多能影响你的感觉：如缓和你紧张的神经，为你增加一点信心。但那与幸运无关，而是心理学的东西。

确实，我们说有些人"事故敏感"，这是对的，不过那只是说有些人"笨拙"，容易摔跤，有点儿"倒霉"。

如果你想看一个真正好玩儿的"事故敏感"的例子，我们来看滑稽电影《粉红美洲豹》，影星赛勒斯（Peter Sellers）演探长克鲁索（Jacques Clouseau）。这位探长不断遭遇和糗事，不过那是因为他是个习惯性笨拙的人，而不是因为他总是走"霉运"——这是很多人爱用的词儿。

（顺便说一句，要看原版的电影，而不是后来放映的类似题目的影片，如《粉红豹之子》、《粉红豹的报复》等，这些都是从它演绎出来的。）

乐天派与偏执狂

于是，我们看到了，坏事和好事一样，并不比随机发生的多。宇宙没有思想，没有感觉，没有人情，所以它不会为了取悦或伤害你而去做一件事情。坏事发生是因为总有事情发生，至于它们在我们看来是好还是坏，并不影响它们发生的可能性。有人觉得这一点很难接受，他们宁愿认为是原罪遭了报应，美德赢了回报。遗憾的是，宇宙并不在乎人们想什么。

说了那么多，现在我要停下来想想。好笑的是，我得承认，有些事情真有点儿像倒霉律。尽管肯定不能说气象或地震要存心跟你过不去（因为不论从哪儿说，它们都不会在乎你），但当我们考虑现实世界时，情形就有些不同了。假如你是一只兔子，狐狸肯定会逮你。假如你是一只鲦鱼，梭子鱼肯定要来吃你。我不是说狐狸或梭子鱼会那么想（也许会呢）。我同样可以说，病毒会找你麻烦，但没人相信病毒会想任何事情。不过，通过自然选择的演化决定了病毒。狐狸和梭子鱼确实会做对受害者不利的事情——似乎它们故意那么做的——而你不会那样去说地震或飓风或雪崩。地震和飓风对受害者来说是坏事，但它们不是主动那么做的：它们不会主动做任何事情，它们只是发生。

自然选择，即达尔文所说的为生存而战斗，意思是每个生命都有敌人拼命地要消灭它。有时，天敌采取的手段看起来像精心策划的。例如，蜘蛛网就是为轻信的昆虫设计的灵巧陷阱。有种叫蚁蛉的小昆虫会挖一个陷阱，等着猎物落进来。

蚁蛉藏在它挖的锥形阱底的泥沙下面，等着捕获掉进来的蚂蚁。没人会说蜘蛛或蚁蛉有创造力——构想了那么灵巧的陷阱。但自然选择使它们的大脑得到了进化，从而其活动在我们看来很聪明。同样，狮子的躯体似乎也是精心设计来捕杀羚羊和斑马的。可以想象，假如你是一只羚羊，精于潜伏、跟踪和偷袭的狮子大概也不会放过你。

很容易看到，捕食者（捕杀其他动物的动物）生来就是为了消灭它们的猎物。不过被捕食者生来是为了消磨它们的天敌。它们拼命地逃过被捕食，如果成功了，则捕食者就会饿死。同样的关系也存在于寄生虫和它们的宿主之间，甚至同一物种的个体之间，它们都是或可能成为敌对的竞争者。如果生存太容易，自然选择就会促进敌对者的演化，不论是捕食者、被捕食者、寄生者还是宿主；敌对者演化了，生存就会变得艰难了。地震和龙卷风令人不快，甚至也可以说是敌人，但它们不像"倒霉律"说的那种捕食者和寄生者，会蓄意来害你。

这会影响某些动物（如羚羊）可能会有的"心态"。如果你是羚羊，看见长长的草在沙沙响动，那可能是风，没什么可担心的，因为风不会蓄意害你：它与羚羊和它们的幸福生活毫不相干。但长长的草丛里响动的可能是潜伏的美洲豹，而美洲豹是最可能害你的：你是美洲豹的美餐，自然选择正偏爱那些善于捕捉羚羊的豹祖先。所以，羚羊、兔子、鲦鱼以及其他多数动物，都不得不时刻小心翼翼。世界到处是危险的捕食者，最保险的就是认为倒霉律是真的。我们还是用达尔文的语言（自然选择的语言）来说：总是害怕倒霉律的动物个体比那些盲目乐观的个体更可能幸存和繁衍。

我们的祖先常常生活在狮子、鳄鱼、巨蟒和剑齿虎的恐惧中。所以，每个人都可能用怀疑的眼光看世界——有些甚至可以说是偏执狂——会从风吹草动和树枝摇曳感觉到危险，仿佛有人正在精心策划谋害他。如果说"策划"的意思是精心谋划，那样看就错了，不过这种念头很容易用自然选择的语言来表达："到处都有敌人，那是自然选择形成的，它们似乎在策划杀我。对我的安宁来说，世界不是中性的，也不是不相干的。世界要跟我过不去。不管倒霉律是否是真的，相信它是真的总比盲目乐观安全得多。"

今天还有人迷信世界要害他们，这可能是一个原因。如果走得太远，我们就说他们是"偏执狂"。

疾病与演化进程

我说过，捕食者不是唯一要害我们的东西。寄生虫是更"阴险的"威胁，但它们只是危险而已。寄生虫包括绦虫和吸虫，细菌和病毒，它们通过吸食我们的身体而生存。捕食者如狮子，也是吃我们的身体，但捕食者与寄生虫的区别通常是很清楚的。寄生虫吸食的受害者还活着（尽管最终会被害死），而且它们一般比受害者小。捕食者通常比被害者大（如猫比耗子大），即使小（如狮子比斑马小），也不会太小。捕食者是直接杀死被捕食者，然后吃掉它们。寄生虫是一点点地吸食受害者，即使它们在体内折磨，受害者也可以存活很长时间。

寄生通常是大规模地侵袭，就像我们总是很多人同时患流感或风寒一样。肉眼看不见的小寄生虫通常被称为"细菌"，但这个词不准确。它们包括病毒（非常非常小）、细菌（比病毒大但还是很小；也有寄生在细菌上的病毒），和其他单细胞微生物，如疟疾寄生虫，它比细菌大得多，但如果不用显微镜看，还是很小。普通语言里没有那些更大的单细胞寄生虫的通用名称，有些可以叫"原生动物"，但那个名字今天已经过时了。其他重要的寄生虫还包括真菌，如皮癣和足癣（蘑菇和牛肝菌会给人一个错误的印象，仿佛真菌都是那么大的东西）。

细菌疾病的例子有，肺结核、某些肺炎、哮喘、霍乱、白喉、麻风病、猩红热、疖病和斑疹伤寒。病毒性疾病包括麻疹、水痘、腮腺炎、天花、疱疹、狂犬病、小儿麻痹症、风疹，还有各种流行性感冒和我们称为"普通感冒"的一类疾病。疟疾、痢疾和昏睡症等疾病则是"原生动物"引起的。其他重要的更大的寄生虫——肉眼能看见——是各种蠕虫，包括扁形虫、蛔虫和吸虫。我

小时候生活在农场，常常会看见死动物，如鼢鼠或鼹鼠。那时上学正学生物，我很感兴趣，发现这些小动物尸体时，我喜欢解剖它们。我印象最深的是它们的身体里有好多活着的还在蠕动的小虫子（蛔虫，学名叫线虫）。我们在学校解剖的驯养的老鼠和兔子，就绝没有那些东西。

动物的躯体是一个精巧而且往往有效的自然防御系统，叫免疫系统。免疫系统非常复杂，需要用一本书来解释。简单地说，当身体感觉到危险的寄生虫时，它会激发起来，生成特殊的细胞，像战士那样乘着血液奔向战场，攻击那群特别的寄生虫。通常是免疫系统获胜，身体恢复健康。然后，免疫系统会"记住"它为那场特殊战斗生成的特殊分子武器，于是，任何相同寄生虫在以后的感染，立刻就会被消灭于无形之中。正因为这个，只要你得过麻疹、腮腺炎或水痘，就不大可能得第二回了。人们常认为孩子得腮腺炎是好事，因为免疫系统的"记忆"能让他们像大人一样抵御寄生虫——腮腺炎对大人来说更可怕（特别是男性，因为它危害睾丸）。接种疫苗就是为免疫目的而创立的技术。医生不是给你"种下"病而是病原，或注射某个病的死病菌，以激发无病状态下的免疫系统。病原远不如真病那么可怕，实际上你通常不会有任何感觉。但免疫系统"认得"死病菌或病原的感染，能提前武装起来，一旦疾病真的到来，它就能投入战斗。

免疫系统的一道难题是"决定"哪些是应该驱除的"外来的"（"可疑的"寄生虫），哪些是可以为身体所接受的。在妇女怀孕时，这可能是特别费心的。肚子里的宝宝是"外来的"（从遗传学看，宝宝与母亲是不同的，因为有一半的基因来自父亲）。但重要的是，免疫系统不能攻击宝宝。在哺

乳动物的演化中，这是一个需要解决的难题。它解决了——毕竟，那么多宝宝在子宫里活下来而且出生了。但也有很多流产了，这说明演化遇到了困难，而解决不是很彻底。即使今天，很多宝宝能活下来，全靠医生的帮助——例如，在免疫系统过激反应的极端情形，在他们一生下来就把血换了。

免疫系统出错的另一种情形是对假想的"攻击者"打击太狠了。过敏就是这么回事儿：免疫系统不必要地、过分地、甚至破坏性地伤害了无害的东西。例如，空气里的花粉通常是无害的，但有些人的免疫系统会对它产生过激反应——那时你会得所谓的"花粉症"（或枯草热）：打喷嚏、流眼泪，浑身不舒服。有人对猫过敏，有人对狗过敏：他们的免疫系统对动物皮毛上的无害分子产生过激反应。过敏有时会非常危险。有少数人对花生过敏，吃一颗就会要了命。

有时过激反应的免疫系统竟然会对本人过敏！这引起所谓的自体免疫性疾病，例子

包括秃头症（头发成片脱落，是因为你的身体会攻击毛囊）、牛皮癣（过激反应的免疫系统在皮肤上引起鳞片状斑块）。

免疫系统不时产生过激反应，一点儿也不奇怪，因为有时该进攻而没能进攻，有时不该进攻却进攻了，免疫系统摇摆在两者之间，就像走钢丝一样。羚羊看见草动时，是不是该逃跑呢？它遇到的是同样的问题：那是潜伏的美洲豹还是清风在吹着牧草沙沙作响？是危险的细菌还是无害的花粉颗粒？我好奇的是，拥有超过敏免疫系统的人，那些患过敏症甚至自体免疫性疾病的人，也许不容易感染某些病毒或寄生虫呢。

这类"平衡"问题简直太普通了。它可能对"风险规避"太机警——太神经，看每一丝风吹草动都危险，对无害的花生甚至本人的组织都释放出浑身的免疫反应。它也可能太"齐心"而对真危险毫无反应，或者在真正危险的寄生虫出现时不能产生免疫反应。在钢丝上行走是困难的，不论偏向哪

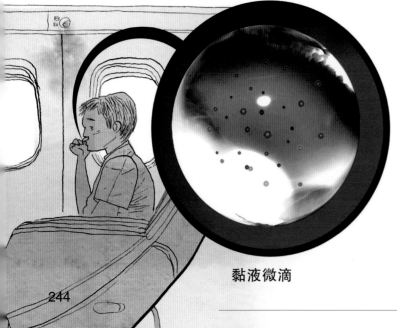

黏液微滴

免疫系统如何应对流感病毒的攻击？（右图）

上一列图表现了病毒成功粉碎细胞

流感病毒趋近一个细胞（1）。病毒的钥匙打开了细胞的锁（细胞表面受体）（2），从而病毒能进入细胞（3），在那儿繁殖。最后（4），数百个繁殖的病毒粉碎被感染的细胞。

下一列图表现了免疫系统战胜病毒进攻

免疫系统的 T 细胞接近病毒（1）并附着在它身上（2）。这时，病毒钥匙不再能打开细胞锁（3），从而病毒不能进入细胞。

边，都会遭到惩罚。

癌是坏事的极端情形，一个很奇异的例子，但是很重要。癌是从我们体内的一群细胞、从它们本来要做的事情中爆发出来，然后变成了寄生者。癌细胞通常聚集在"肿瘤"里，肿瘤无限制地长大，吞噬部分身体。接着，最坏的癌会扩散到身体其他部位（叫癌细胞转移），最终毁坏整个身体。如此扩展的肿瘤叫恶性肿瘤。

癌如此危险的原因是，它们的细胞是直接从自己身体的细胞里衍生出来的。它们是我们自己的细胞，只是略有改变。这意味着免疫系统很难将它们判别为外来者。那还意味着很难找到杀死癌细胞的方法，因为你能想到的任何方法——如毒药——都可能杀死你的健康细胞。杀死细菌很容易，因为细菌的细胞与我们自己的不同。能杀死细菌细胞而不伤害自己细胞的毒药叫抗生素。化学疗法能毒死癌细胞，但也能毒死我们自己的其他细胞，因为它们太相似了。如果过量运用毒药，也许能杀死癌细胞，不过先已经把可怜的患者杀死了。

我们又回到了和前面一样的平衡问题：攻击真正的敌人（癌细胞）而不误伤朋友（我们自己的正常细胞），这也就是羚羊在草地里遇到的问题。

我们用一个猜想来结束这一章。自免疫性疾病是否可能是无数代祖先们为了抵抗癌细胞而展开的演化战所传下来的副产品？免疫系统在与癌变之前的细胞的战斗中赢得了多场胜利，使它们来不及变成恶性的。我的想法是，因为免疫系统对癌变前的细胞一直保持着高度的警惕，也许偶尔会误伤无害的组织，攻击自己的细胞——我们就说这个是自免疫性疾病。自免疫性疾病也许证明了生命在演化进程中不断生成对抗癌变的有效武器，会是这样的吗？

你怎么想呢？

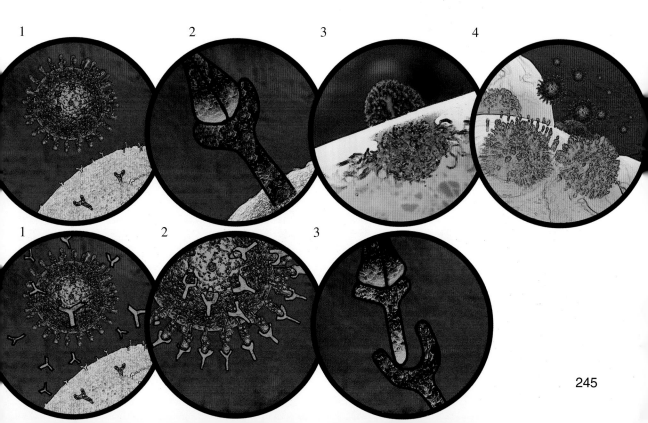

12

What is a

奇迹是什么？

本书第 1 章我谈了"魔"，区分了超自然的魔法（念一个咒语把青蛙变成王子，或点亮神灯唤出妖怪）与表演的魔术（错觉，如丝绢里变出兔子，女人被锯成两半）。今天没人相信童话故事里的魔法，人人都知道只有在灰姑娘的故事里南瓜才会变成马车。我们也都知道兔子从空空的帽子里跑出来，完全是因为玩儿了把戏。但还有人把某些超自然的故事当真了，他们叙述的那些"事件"常被称为奇迹。这一章就说奇迹——很多人相信的超自然发生的故事，它们与童话讲的不一样（没人相信了），也和魔术把戏不一样（看起来像魔法，但我们知道是假的）。

那样的故事里，有些是鬼故事，可怕的城市传说或离奇的巧合故事——如，"我梦见了一个多年没想起过的名人，第二天早晨就听说他正好在昨夜死了。"更多的故事来自世界各地的数以百计的宗教，它们常被称为奇迹。我们看一个例子就明白了：传说 2 000 年前，一个流浪的名叫耶稣的犹太传教士正在参加婚礼，酒喝完了。于是他要来了水，用神奇的力量将水变成酒——照故事里讲的，那是真正的好酒。有些人嘲笑南瓜能变马车，也熟知丝绢不会真的变成兔子，却很乐意相信先知能将水变成酒，相信其他宗教信徒所说的，能乘着长翅膀的马儿飞向天国。

流言、巧合和雪球的故事

我们通常听到的传奇故事，都不是目击者说的，而是从旁人那儿听来的，而他也是从旁人那儿听来的，那人也许是某某老婆的朋友的表妹……任何故事传久了都会走样。一个故事的初始来源可能就是谣言，因为源远流长而且在流传过程中被不断扭曲，最后根本不可能猜想它本来的面目——如果有的话。

大凡名人、英雄或恶棍死后，到处都会有故事说某人看见他们还活着。如普利斯利（Elvis Presley）、梦露（Marilyn Monroe），甚至希特勒，都有这样的故事。不知道为什么有人喜欢传播这样的谣言，事实是他们真那么做了，而且谣言很大程度上就是那么传开的。

我们从一个最近的例子，来看谣言是怎么开始的。2009 年，歌星杰克逊（Michael Jackson）死后不久，一个美国电视的报道组在导游指引下参观了他著名的"梦幻庄园"。在他们拍摄的影片的一个场景里，人

们认为在走廊尽头看见了他的幽灵。我看过录像，觉得那是非常不可信的。然而，那已经足够让一个谣言满天飞了。杰克逊的幽灵活灵活现，一下子涌现出好多人看见他的幽灵。例如，对页的照片是某人从他汽车的光滑表面上照下来的。在你我看来，特别是拿那张"脸"与旁边的其他云对比时，我们看到的不过是反射的云。但在狂热的粉丝们看来，那分明是杰克逊的幽灵，在YouTube上，这个图片的点击量超过了1 500万！

实际上，这儿有一点有趣的东西，可以提出来说说。人是社会性动物，所以人类的大脑像装了一个程序，能从没有东西的地方看见人的面孔。难怪人们常常觉得在杂乱的云朵、面包片或墙上的斑块里看见了人的脸孔。

令人脊梁骨发凉的幽灵故事说起来好玩儿，特别是真正恐怖的、而且你相信它们是真的时候。我八岁时，住在一座叫杜鹃园的老宅里，400多年了，黑色的都铎式横梁都有些摇晃。那么老的房子当然有故事，传说有个死去的牧师就藏在一个秘密通道里。听说，在楼梯上还能听见他的脚步声，而且在转弯的地方你能多听见一声——据说，那是因为16世纪的楼梯要多出一级来！我还记得给学校同学讲这个故事时的乐趣。我可没想过问什么证据，只是觉得房子老，朋友感兴趣，那就够了。

人们可以从讲鬼故事得到刺激，传奇故事也是如此。假如某个奇迹的谣言写进了书里，而且

是古书，就很难撼动它了。假如谣言流传久远，它就成了所谓"传统"，人们就越发相信它。这是很奇怪的，因为你可能以为他们会认识到，古老的谣言比距离所谓事实更近的新谣言来说，经历过更多的歪曲。普利斯利和杰克逊生活得太近，还成不了传统，所以没多少人相信"火星上看见了普利斯利"的故事。但再过 2 000 年以后……

那么，我们前面提到的另外一些离奇故事呢？——有人告诉你他梦见了某个多年不见也没想过的人，醒来之后却发现那人的信正在门口等着他，或听说那人昨夜刚死了……你本人也可能有过类似经历，你如何解释那种巧合呢？

最可能的解释是，它们真的只是巧合，没有别的。关键是，只有巧合发生了，我们才会费心去讲那个故事——如果没有巧合，也就没有故事。不会有人说"昨夜我梦见多年不见的叔叔了，醒来后发现他那夜没死！"

巧合越惊悚，故事传得越远。有时它太令人惊奇，竟有人给报纸写信。也许他梦见了某个曾经有名但被人遗忘很久的女影星，醒来后发现她昨夜死了。梦中"告别"——那是多令人毛骨悚然啊！不过，我们想想实际发生了什么呢？一个见诸报端的巧合，只可能是千百万给报社写信的读者中的某一个人经历的。如果只考虑英国，每天大约死 2 000 人，而每夜至少有一亿个梦。如果这样想，我们肯定能预期总有一天总会有人发现他梦见的人昨夜死了。只有他们可能把故事写给报纸。

　　另外，故事在叙述和重复中不断走样。人们对好故事津津乐道，越讲越动听。让故事令人起鸡皮疙瘩，是好玩儿的事情——于是我们讲得津津有味，而接下来转述的人也会添油加醋。例如，当你醒来发现那个名人昨夜死了，你可能会去打听他几点死的。有人告诉你，"哦，大约凌晨三点。"于是，你可以估摸自己那会儿正梦见她在什么地方。起初你还不知道具体地方，故事里只是说"大概"和"某个地方周围"，后来才变成下面的情节："她凌晨三点正死的，那时我表妹的朋友的妻子的女儿正好梦见她。"

　　有时我们真能确定某个奇异巧合的原因。美国大科学家费曼（Richard Feynman）的夫人因为癌症去世了，他很悲痛。夫人房间里的时钟恰好停在她去世的时刻。太离奇了！但费曼博士可不是没用的书生，他找到了真正的解释。原来是时钟有问题。如果你把它拿起来倾斜，它就会停下来。夫人去世时，护士要正式记录死亡时间。当时病房很黑，她就会拿起时钟斜向窗户读数。时钟就停在那个时刻。这儿没有奇迹，只是机械故障。

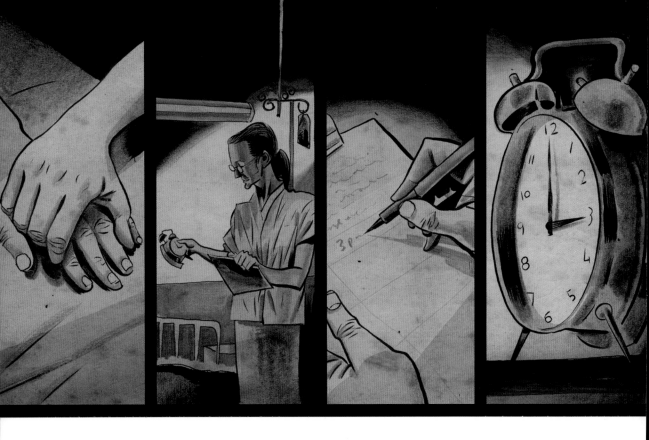

即使没有那个解释，即使时钟弹簧真的在费曼夫人去世的那个时刻失灵了，我们也不会感到什么特别的。显然，美国有很多时钟停在那个时刻。另外，每天都会死很多人。我再重复以前的观点：我们不会费心传播这样的"新闻"："我的钟下午四点五十分时停了，（你相信吗？）那会儿没人死。"

我在魔法一章里提到的一个巫师，常常装模作样说他能通过"思维的力量"让钟表重新动起来。他会请他的大量电视观众从房间里随便取一只破表，拿在手里，然后他开始在很远的地方用思维的力量让它走起来。几乎同时，演播厅里的电话铃响了，电话的那头传来急迫的喘气声，只听一个惊吓的语调说，他们的表开始走了。

这儿的情形有点儿像费曼夫人的钟。现代数码表可能有些不同，但在弹簧表的时代，随便把一只停了的表捡起来，就可能重新启动它，因为突然的运动可以激活发条的摆轮。如果表加热了，这更容易发生，而手的热量就够了——尽管不是很常见。但如果全国有 10 000 人都拿着停止的表摇晃，抓在温暖的手上，那事情就容易多了。只要 10 000 个人中有一个人的表动起来，他就可能通过电话激动地传达那个消息，令所有的观众惊讶不已。我们从没听人报告那没动的 9 999 只表。

认识奇迹的正道

18 世纪有个著名的苏格兰思想家休谟（David Hume），他提出过一个明智的奇迹观。他先将奇迹定义为对自然法则的"侵犯"（或打破）。在水上行走，将水变成酒，或通过思维力量停止或重新启动钟表，甚至将青蛙变成王子，都是打破自然法则的好例子。根据我在魔法那章说的理由，这些奇迹实在是对科学的骚扰。假如它们真的发生了，那确实令人不安！那么，我们该如何看这些奇迹故事呢？这是休谟关心的问题，而他的答案就是我说的"明智的奇迹观"。

你可能想知道休谟的原话，我把它抄在下面，但要记住，那是他在 200 多年前写的，那时的语言和今天的不大一样。

任何证据都不足以证明一个神迹，
除非那证据能令人相信
那神迹的虚假将比
它所欲确立的事实更加神奇。

让我把休谟的意思换一种说法。假如约翰给你讲一个奇迹故事，你怎么才能相信它呢？除非当它是谎言（或谬误或错觉）的时候，事情会更加奇异。例如，你可能说，"我以我的生命保证我相信约翰，他从不说谎，如果他撒了谎，那才是奇迹呢。"那当然没问题。可休谟大概会这样说："不管约翰多么不可能撒谎，难道它比约翰说的他见过的奇迹还更加不可能吗？"假如约翰说他看见一头母牛在月亮上跳跃，那么不管他平常多老实多值得信任，说他撒谎（或者产生了错觉），也不会比牛在月亮上跳跃更奇怪。

这样，我们应该宁愿相信约翰撒谎了（或错了）。

这是个极端而且虚设的例子。我们还是拿一件真实发生过的事情，来看休谟的观点怎么用。1917 年，两个年轻英国人弗朗西斯（Frances Griffiths）和她的表妹艾尔西（Elsie Wright）拍照片，说看见了小精灵。上面是他们拍的一张照片，表妹和她的"精灵"们合影。

你大概想那照片是伪造的，但那时摄影还是新鲜事物，连大作家柯南道尔（Sir Arthur Conan Doyle，他塑造了不容欺骗的福尔摩斯）也被它蒙了，被蒙的当然还有其他很多人。多年过后，姐妹俩都老了，她们站出来承认，"小精灵"是假的，不过是一些剪纸片儿。我们想想休谟，然后说明为什么柯南道尔和其他人本该看清而不会上当

的。下面两种可能，假如是真的，你认为哪个更神奇呢？

1. 真有长翅膀的精灵小人儿，在花丛中飞来飞去。

2. 他们是弗朗西斯和艾尔西做的，然后伪造了照片。

没什么好争辩的，是吧？小孩儿常玩儿骗人的把戏，那太容易了。即使不容易，即使你觉得你很熟悉弗朗西斯和艾尔西，知道她们一贯是诚实的好女孩儿，不会玩儿骗人的把戏；即使女孩儿吃了不撒谎的"真药"，出色地通过了测谎仪的考验；即使所有这些加起来证明她们撒谎是一个奇迹，休谟会怎么说？他会说，她们撒谎的"奇迹"依然比不上她们证明小精灵确实存在的"奇迹"。

255

艾尔西和弗朗西斯的恶作剧没有任何伤害，骗过伟大的柯南道尔更是可喜可乐的事情。但老实说，小孩子玩儿这种把戏，有时就不可乐了。17 世纪，在新英格兰一个叫塞勒姆的村子里，一群女孩儿歇斯底里地像"女巫附体"了，开始假装和表现五花八门的行为，不幸的是，村里迷信的大人们还真的相信了。很多老年妇女和一些男人都被指控为巫师，说他们与恶魔勾结，给女孩儿念了符咒；女孩儿们说她们见过他们在天上飞，做着奇怪的事情，就跟女巫做的一样。后果非常严峻：女孩儿们的证词把近 20 人送上了绞架。有个男人甚至在宗教仪式上被石头磨得粉碎。无辜者受到迫害，仅仅是因为一群孩子编了一个故事。我不禁疑惑，女孩儿们为什么要那么做？她们想相互影响

吗？是不是有点儿像今天的电子邮件和社交网站里的"网络暴力"呢？要么，她们真的相信她们自己说的故事？

我们回到一般的神奇故事，看它们是如何开始的。像那样的女孩儿讲离奇故事骗过大人的例子，最有名的也许是所谓法蒂玛的奇迹。1917 年，在葡萄牙法蒂玛，一个十岁的牧羊女露西亚和她的小表妹弗朗西丝（Francisco）和雅辛塔（Jacinta）在一起，她们说看见山上有一个幻影。孩子们说，有个叫"圣母玛丽亚"的女人曾经来过山上，她虽然很久以前就死了，但变成了当地的宗教女神。根据露西亚的说法，幽灵般的玛丽亚和她说话，告诉她和其他孩子，她每月13 日回来，到10 月 13 日那天，她会施展魔法，证明她说的是真的。于是，魔法的谣言

传遍了葡萄牙。到了那天，据说有 70 000 人涌向山顶。魔法开始了，太阳升起来。太阳来做什么呢？有不同的解说。在有些目击者看来，它在"跳舞"；而在另一些人看来，它像风火轮一样旋转。最令人动心的一幕是

> ……太阳仿佛要从天空脱下来，猛烈地坠落在惊吓的人群中间……就在那火球即将落下毁灭他们时，魔法停了，太阳回到天空的正常位置，像从前一样洒落它和平的光芒。

那么我们现在认为究竟发生了什么呢？真有法蒂玛的魔法吗？圣母玛丽亚的幽灵真的出现过吗？最方便的借口是，只有那三个

小孩能看见她，别人都看不见，所以我们不必把故事的那个部分太当真。但太阳运动的魔法却是 70 000 人都看见的，我们如何看它呢？太阳真的移动了（或地球相对于太阳移动从而显得太阳在移动）？我们还是学学休谟，考虑下面三种可能：

1. 太阳真的在天空移动了，而且落向惊骇的人群，然后才恢复正常的位置。（或者说，地球改变了旋转方式，看起来就像太阳在动。）

2. 太阳和地球都没动，70 000 人同时产生了幻觉。

3. 什么事儿都没发生，整个事件都是谎报、夸大或者虚构的。

这些可能中，你认为哪个最合理？所有可能似乎都相当不可能。但第三个可能肯定是最不那么牵强的，最不配"魔"的名声。为接受可能 3，我们只需要相信有人在报道 70 000 人看见太阳运动时撒了谎，而且谎言越传越远，同今天在互联网上乱哄哄的任何都市传闻一样。可能 2 更不可能，它需要我们相信 70 000 人同时产生太阳的幻觉。这是相当牵强的。但不论可能 2 多么不可能——几乎成了奇迹——似乎也远远比不上可能 1 那么神奇。

太阳，半个白昼世界的人都能看见，而不只是一个葡萄牙小城。假如它真的在活动，亿万个同一半球的人都会看见——而不仅仅是法蒂玛小村的人——他们也会吓得不知所措。实际上，否定可能 1 的根据还有更强的。如果说太阳真的以报道的速度移动——向人群"坠落"——或者什么东西改变了地球自转的状态，使太阳看起来在以那么巨大的速度移动——那么它将是整个人类的末日大灾难。要么地球被踢出了轨道，它现在就将是一块没有生命的冰冷的岩石，在黑暗的太空胡乱冲撞；要么我们冲进太阳，被烈火化为灰烬。记得我们在第 5 章说过，地球以每小时数百（在赤道为 1 000）英里的速度自转，但太阳相对我们的视运动还是慢得难以察觉，因为它距离我们太远。如果太阳和地球突然以飞快的速度相对运动，大家都能看见太阳"落向"人群，则真正的运动会比寻常快几千倍，那才是世界的真正末日。

　　传说露西亚告诉她的观众要盯着太阳看。顺便说一句，这是极其愚蠢的行为，因为那可能永久伤害你的眼睛。它还可能引起错觉，仿佛太阳在空中摇摆。如果只有一个人产生错觉或撒谎说太阳在移动，然后告诉了别人，而那人又告诉了别人，别人又告诉了很多人……这就足以产生流言。最后，可能有某个听说谣言的人把它写了下来。但对休谟来说，不管事情是真是假，都无关紧要。真正要紧的是，不论 70 000 个目击者都错是多么不可能，比起太阳像那样移动来说，它还是可能得多。

　　休谟没有直说奇迹是不可能的。相反，他要我们将奇迹想象为一个不太可能的事件——我们可以估计其不可能的程度。估计不一定准确，但我们完全可以拿某个假定奇迹的不可能程度作为某个标度，然后用它来与其他事件（如幻觉或谎言）进行对比。

259

现在回头来看我第 1 章说过的扑克游戏。还记得吗？我们设想四个玩家各有一手好牌：清一色的梅花、红桃、黑桃和方块。如果真是这样，我们怎么看呢？还是写出三种可能：

1．某个拥有特殊本领的人（巫师、术士或神仙）施展了超自然魔法，破坏了科学法则，改变了所有梅花、红桃、黑桃和方块的次序，使它们能清一色地发出来。

2．这纯属巧合。洗的牌碰巧产生出四个清一色。

3．有人玩儿了魔术，也许用先前藏在衣袖里的一副牌偷换了大家看到清洗的那副牌。

现在，想到休谟的忠告，你怎么看这件事？三种可能似乎都有点儿难以置信。但可能 3 是最容易接受的。可能 2 可以发生，但我们计算过它的可能性，等于 53 644 737 765 488 792 839 237 440 000 分之 1，实际上就是非常非常不可能发生。可能 1 的概率我们无法如此精确地计算，而只能这么想：某个从未被恰当证明也没人理解的力量，操纵着红黑墨水，同时篡改了几十张扑克牌。你可能会勉强用"不可能"那样的强烈字眼儿，但休谟不会让你那么回答：他只是让你拿它去比较其他的可能，在这儿的情形，就是拿它来比较魔术和好运。我们都见

过至少和这儿一样难以置信的魔术（通常也是扑克牌的）吧？显然清一色的最可能解释不是纯粹的运气，更不是某种神奇的对宇宙法则的干扰，而是某个魔术师或老千玩儿的小把戏。

我们来看另一个著名的神奇故事，前面我讲犹太牧师耶稣时提到过，他曾将水变成了酒。我还是列出三种可能的解释：

1. 实有其事。水真的变成了酒。
2. 那是一个魔术。
3. 根本没那事儿，那只是某人编的一个故事、一段小说。或者那只是把一件微不足道的事情歪曲了。

我想这几个可能性的次序是没有多少疑问的。如果解释1是对的，它将违背我们知道的基本科学原理，其理由我们在第1章讨论南瓜变马车、青蛙变王子时已经看到了。它需要将纯水分子变成很多分子（包括乙醇、丹宁酸、糖和其他五花八门的东西）的复杂混合物。如果硬说这个解释比其他的好，那其余的解释就真的没什么好说的了。

魔术是有可能的（比舞台和电视里的那

些魔术高明多了）——但还是不如解释 3。为什么在毫无证据的情况下还要多事地提出魔术的解释呢？如果解释 3 已经非常可能了，为什么还拿魔术来比较呢？故事是人编的；人们一直在编故事。小说就是那样的。因为这个故事很可能是杜撰的，我们用不着费心去考虑魔术，更不必考虑违背科学法则、颠覆自然事物的所谓奇迹。

巧得很，很多故事都落在那位叫耶稣的牧师身上。例如，有首叫《樱桃树之歌》的儿歌，你可能唱过或听过。歌曲唱的是耶稣还在母亲玛丽亚（就是法蒂玛故事里的那个

玛丽亚）肚子里的故事。那天，玛丽亚和丈夫约瑟夫在樱桃树下散步，她想吃几颗樱桃，可树太高，她够不着，约瑟夫也不想爬树，不过

> 这时宝宝耶稣
> 在玛丽亚的肚子里说话了：
> "高高的树枝啊，弯下来吧，
> 让我的妈妈摘到果子。
> 高高的树枝啊，弯下来吧，
> 让我的妈妈摘到果子。"
>
> 高高的树枝弯下来了，
> 弯到玛丽亚的手边。
> "哦，约瑟夫你看，"她惊呼，
> "我让樱桃下来了。"
> 她惊呼，"哦，约瑟夫你看，
> 我让樱桃下来了。"

你在古代圣经里找不到樱桃树的故事，任何有知识和受过良好教育的人，都会认为那不过是一个虚构的小故事。很多人相信水变酒的故事是真的，可人人都同意樱桃树的故事是假的。樱桃树的故事才出现大约 500 年，水变酒的故事更老一些，出现在基督教四大福音书之一中（《约翰福音》：其他三个福音书里没有），但没理由相信它是真的，那也只是一个虚构的故事——比樱桃树故事早几百年而已。顺便说一句，四大福音书写作的时代比它们叙述的故事要晚得多，没有一件事情是人亲眼见过的。保险的结论是，水变酒的故事纯粹是虚构的，和樱桃树故事一样。

一切所谓神奇故事，一切"超自然"的解释，也都是如此。假如某件事情发生了，我们不懂，也看不出它是什么虚假、欺骗或谎言，那是不是就该肯定它是超自然的呢？不！我在第1章解释过，那会把所有进一步的探究都引向终结。那是一种懒惰甚至欺诈，因为它等于说没有哪个自然的解释是可能的。如果你声称任何奇异的事件都是"超自然"的，你不仅承认了你现在不理解它，还等于是向它投降了，承认永远不可能认识它。

今天的奇迹，明天的技术

有些事情即使今天最优秀的科学家也不能解释。但那并不意味着我们应该停止一切探索，满足于借魔法或超自然的虚假"解释"，那等于什么也没解释。想想一个中世纪的人——甚至那时代最有见识的人——如果他看见喷气飞机、笔记本电脑、移动电话或卫星导航仪器，会有什么反应呢？他也许会说它们是超自然的、神奇的。但这些东西

在今天却是普通的，而且我们知道它们是怎么运行的，因为那是我们根据科学原理制造的。我们看到，从来不需要祈求魔法或奇迹或超自然，中世纪的人如果那么做，他就错了。

我们不必回到中世纪去说事儿。如果维多利亚时代的一个国际犯罪团伙配备了现代的移动电话，从而能统一协调他们的活动，这在大侦探福尔摩斯看来，他们就像会心灵感应术一样。在福尔摩斯的世界，如果谋杀案疑犯能证明伦敦谋杀案的当天晚上他在纽约，那么他就有了不在现场的绝对证据，因为在 19 世纪末，一个人不可能在同一天从伦敦来到纽约。如果有谁说他能，那似乎就只有求助超自然了。然而，现代喷气飞机却让那一切变得轻而易举。著名科幻小说作家克拉克（Arthur C. Clarke）将这一点概括为"克拉克第三定律"：**任何高效的先进技术都与魔术没有区别。**

如果时间机器载着我们到一个世纪之后的未来，我们将看见很多我们今天认为不可能的奇迹——"魔术"。但那不等于说今天我们认为不可能的任何东西都会在未来出现。科幻小说作家们很容易幻想时间机器——或反引力机器，或能跑得比光还快的火箭。但我们能幻想，并不意味着我们能在某一天将它们变为现实。我们今天能想象的东西，有些也许能成真，但大多数是不可能的。

你想得越多，就越能意识到所谓超自然奇迹的观念是毫无意义的。如果某个事件发生了，却似乎不能用科学来解释，那么你可以保险地得出两个结论：要么它没有发生（观察者弄错了，或者撒谎了，或者被骗了），要么它暴露了我们今日科学的缺陷。如果今日科学遭遇某个现象或实验结果而不能解释，那么我们不应该等待，而要推进我们的科学，直到它能提供一个解释。即使解释需要崭新的科学，哪怕在老科学家看来根本不是科学的革命性科学，那也是好事。历史上发生过很多那样的事情。千万别懒怠——别灰心丧气——别说"那一定是超自然的"或"那真是奇迹"。应该说那是一个未解之谜，是陌生的疑难，是我们必须接受的挑战。不论我们是质疑观察到的现象还是将我们的科学延伸到令人激动的新方向，我们接受挑战的正确态度应该是勇敢地直面它。在我们发现那个问题的恰当答案之前，我们也就只能简单地说，"这个问题我们眼下还不明白，但我们正在努力"，实际上，这是唯一该做的事情。

奇迹、魔术和神话——它们也许很有意思，我们也从书中得到过乐趣。人人都喜欢好故事，我希望你也喜欢我在很多章节开头讲的那些神话。但我更希望的是，你能欣赏每一章里跟在神话后面的科学。我希望你能同意，真理也有它自身的"魔"与任何神话或虚构的神秘和奇迹比起来，真理的魔更强更大——是最好的最激动人心的"魔"。科学有自己的魔法，那魔法就是实在的万物的魔力，就是

自然的魔法。

索 引

致　谢

Richard Dawkins would like to thank:

Lalla Ward, Lawrence Krauss, Sally Gaminara, Gillian Somerscales, Philip Lord, Katrina Whone, Hilary Redmon; Ken Zetie, Tom Lowes, Owen Toller, Will Williams and Sam Roberts from St Paul's School, London; Alain Townsend, Bill Nye, Elisabeth Cornwell, Carolyn Porco, Christopher McKay, Jacqueline Simpson, Rosalind Temple, Andy Thomson, John Brockman, Kate Kettlewell, Mark Pagel, Michael Land, Todd Stiefel, Greg Langer, Robert Jacobs, Michael Yudkin, Oliver Pybus, Rand Russell, Edward Ashcroft, Greg Stikeleather, Paula Kirby, Anni Cole-Hamilton and the staff and pupils of Moray Firth School.

Dave McKean would like to thank:

Christian Krupa (computer modelling); Ruth Howard (Chemistry adviser), Andrew Hills (Physics adviser) and Cranbrook School; Clare, Yolanda and Liam McKean.

图片来源